气 象 灾 害 丛 书

低温冷害

王绍武　马树庆　陈　莉　王　琪　黄建斌　著

气象出版社
China Meteorological Press

内容提要

低温冷害是影响我国的严重气象灾害之一。一年四季均可能发生低温，造成作物歉收。一般春、夏、秋季低温造成的灾害称为冷害，冬季称为寒害。本书第 1 章概括地介绍了近百年中国的温度变化及四季的低温；第 2 章讲述低温冷害的基础知识，包括冷害对作物的影响和致灾条件；第 3 章介绍低温冷害的监测、评估和防御措施；第 4 章讲述东北夏季低温的气候变化；第 5 章介绍东北低温的形成机理和气候背景。

本书可供高等院校气候、气象、地理、农业和环境等专业的学生学习，也可以供从事这方面业务或研究工作的人员参考。

图书在版编目（CIP）数据

低温冷害/王绍武等著. —北京：气象出版社，2009.6（2017.3 重印）
（气象灾害丛书）
ISBN 978-7-5029-4719-4

Ⅰ. 低… Ⅱ. 王… Ⅲ. 作物—低温伤害 Ⅳ. S426

中国版本图书馆 CIP 数据核字（2009）第 099294 号

Diwen Lenghai

低温冷害

王绍武　马树庆　陈　莉　王　琪　黄建斌　著

出版发行：气象出版社

地　　址：北京市海淀区中关村南大街 46 号　　　邮政编码：100081
电　　话：010-68407112（总编室）　　　010-68408042（发行部）
网　　址：http://www.qxcbs.com　　　**E-mail**：qxcbs@cma.gov.cn
总 策 划：陈云峰　成秀虎
责任编辑：崔晓军　　　　　　　　　　　终　　审：黄润恒
封面设计：燕　彤　　　　　　　　　　　责任技编：吴庭芳
印　　刷：北京建宏印刷有限公司
开　　本：700 mm×1000 mm　1/16　　　印　　张：9.25
字　　数：171 千字
版　　次：2009 年 6 月第 1 版　　　　　印　　次：2017 年 3 月第 2 次印刷
定　　价：30.00 元

序

据世界气象组织统计，全球气象灾害占自然灾害的86%。我国幅员辽阔，东部位于东亚季风区，西部地处内陆，地形地貌多样，加之青藏高原大地形作用，影响我国的天气和气候系统复杂，我国成为世界上受气象灾害影响最为严重的国家之一。我国气象灾害具有灾害种类多，影响范围广，发生频率高，持续时间长，且时空分布不均匀等特点，平均每年造成的经济损失占全部自然灾害损失的70%以上。随着全球气候变暖，一些极端天气气候事件发生的频率越来越高，强度越来越大，对经济社会发展和人民福祉安康的威胁也日益加剧。近十几年来，我国每年受台风、暴雨、冰雹、寒潮、大风、暴风雪、沙尘暴、雷暴、浓雾、干旱、洪涝、高温等气象灾害和森林草原火灾、山体滑坡、泥石流、山洪、病虫害等气象次生和衍生灾害影响的人口达4亿人次，造成的经济损失平均达2000多亿元。2008年，我国南方出现的历史罕见低温雨雪冰冻灾害，以及"5·12"汶川大地震发生后气象衍生灾害给地震灾区造成的严重人员伤亡和财产损失，都说明进一步加强气象防灾减灾工作的极端重要性和紧迫性。

党中央国务院和地方各级党委政府对气象防灾减灾工作高度重视。"强化防灾减灾"和"加强应对气候变化能力建设"首次写入党的十七大报告。胡锦涛总书记在2008年"两院"院士大会上强调，"我们必须把自然灾害预报、防灾减灾工作作为事关经济社会发展全局的一项重大工作进一步抓紧抓好"。在中央政治局第六次集体学习时，胡锦涛总书记再次强调，"要提高应对极端气象灾害综合监测预警能力、抵御能力和减灾能力"。国务院已经分别就加强气象灾害防御、应对气候变化工作做出重大部署。在2008年全国重大气象服务总结表彰大会上，回良玉副总理指出，"强化防灾减灾工作，是党的十七大的战略部署。气象防灾减灾，关系千家万户安康，关系社会和谐稳定，关系经济发展全局。气象工作从来没有像今天这样受到各级党政领导的高度重视，从来没有像今天这样受到社会各界的高度关切，从来没有像今天这样受到广大人民群众的高度关心，从来没有像今天这样受到国际社会的高度关注。这既给气象工作带来很大的机遇，也带来很大的挑战；既面临很大压力，也赋予很大动力，应该说为提高气象工作水平创造了良好条件"。

我们一定要十分珍惜当前气象事业发展的好环境，紧紧抓住气象事业发展的难得机遇，深入贯彻落实科学发展观，牢固树立"公共气象、安全气象、资源气象"的发展理念，始终把防御和减轻气象灾害、切实提高灾害性天气预报预测准确率作为提升气象服务水平的首要任务。面对国家和经济社会发展对加强气象防灾减灾工作的迫切需求，推进防灾减灾工作快速发展，做到"预防为主，防治结合"，很有必要编写一套《气象灾害丛书》，从不同视角吸收科学、社会以及管理各方面的研究成果，就气象灾害的发生、发展、监测、预报和预防措施，普及防灾减灾知识，提高防灾减灾的效益，为我国防灾减灾事业、构建社会主义和谐社会做出贡献。

2003年中国气象局组织编写出版了《全球变化热门话题丛书》，主要立足宣传和普及天气、气候与气候变化所带来的各方面影响以及适应、减缓和应对的措施。这套书的出版引起了很大反响，拥有广大的读者群。《气象灾害丛书》是继《全球变化热门话题丛书》之后，中国气象局组织了有关部委、中科院和高校的气象业务科研人员及相关行业领域的灾害研究专家，编写的又一套全面阐述当今国内外气象灾害监测、预警与防御方面最新技术成果、最新发展动态的科学普及读物。《气象灾害丛书》分21分册，在内容上开放地吸收了不同部门、不同地区和不同行业在气象灾害和防御方面的研究成果，体现了丛书的系统性、多学科交叉性和新颖性。这对于进一步提高社会公众对气象灾害的科学认识，进一步强化减灾防灾意识，指导各级部门和人民群众提高防灾减灾能力、有效地为各行业从业人员和防灾减灾决策者提供参考和建议都具有重要意义。同时，根据我国和全球安全减灾应急体系建设这一大学科的要求，"安全减灾应急体系"共有100多部应写作的书籍，《气象灾害丛书》的出版为逐步完善这一科学体系做出了贡献。

在本套丛书即将出版之际，谨向来自气象、农业、生态、水文、地质、城乡建设、交通、空间物理等多方面的作者、专家以及工作人员表示诚挚的感谢！感谢他们参与科学普及工作的高度热忱以及辛勤工作。

郑国光

编著者的话

通过两年的努力，《气象灾害丛书》终于编写完毕。丛书由 21 册组成，每一册主要介绍一个重要的灾种，整个丛书基本上将绝大部分气象以及相关的衍生灾害都作了介绍，因而是一套关于气象灾害的系统性丛书。参加此丛书编写的专家有 200 位左右，他们来自中国气象局、中国科学院、林业部和有关高等院校等部门。他们在所编写的领域中不但具有丰硕的研究成果，而且也具有丰富的实践经验，因而，丛书无论是从内容的选材，还是从描述和写作方式等方面都能保证其准确性和适用性。编写组在编写过程中先后召开了六次编写工作会议，各分册主编和撰稿人以高度负责的态度和使命感热烈研讨，认真听取意见和修改，使各册编写水平不断提高，从而保证了丛书的质量。另外，值得提及的是，丛书交稿之前，又请了 46 位国内著名的院士、专家和学者进行了评审。专家们一致认为，《气象灾害丛书》是一套十分有用、有益和十分必要的防灾减灾丛书。它的出版有助于政府、社会各部门和人民群众对气象灾害有一个全面、深入的了解与认识，必将大大提高全民的防灾减灾意识。丛书的内容丰富、全面、系统、新颖，基本上反映了国内外气象灾害的监测、预警和防御方面的最新研究成果和发展动态，可以作为各有关部门指导防灾减灾工作的科学依据。

在丛书包括的 21 个灾种中，除干旱、暴雨洪涝、台风、寒潮、低温冷害、冰雪等过去常见的气象灾害外，丛书还包括了近一二十年新出现的或日益受到重视的新灾种，如霾、生态气象灾害、城市气象灾害、交通气象灾害、大气成分灾害、山地灾害、空间气象灾害等。这些灾害对于我国迅速发展的国民经济已越来越显示出它的重大影响。把这些灾害包括在丛书中不但是必要的，而且也是迫切的。另外，通过编写这些书，对这些灾种作系统性总结，对今后的研究进展也有推动作用。

为了让读者对每一种灾害都获得系统而正确的科学知识以及了解目前最

新的防灾减灾技术、能力和水平，编写组要求每一册书都要做到：（1）对灾害的观测事实要做全面、正确和实事求是的介绍，主要依据近 50 年的观测结果。在此基础上概括出该灾种的主要特征和演变过程；（2）对灾害的成因，要根据大多数研究成果做科学的说明和解释，在表达上要深入浅出，文字浅显易懂，避免太过专业化的用语和用词；（3）对于灾害影响的评估要客观，尽可能有代表性与定量化；（4）灾害的监测和预警部分在内容上要反映目前的水平和能力，以及新的成就。同时要加强实用性，使防灾减灾部门和人员读后真正有所受益和启发；（5）对每一灾种，都编写出近 50 年（有些近百年）国内重大灾害事件的年表，简略描述出所选重大灾害事件发生的时间、地点、影响程度和可能原因。这个重大灾害年表对实际工作会有重要参考价值。

在丛书编写过程中，所有编写者亲历了 1 月发生在我国南方罕见的低温雨雪冰冻灾害和"5·12"汶川大地震。在全国可歌可泣的抗灾救灾精神的感召下，全体编写人员激发了更高的热情，从防大灾、防巨灾的观念重新审视了原来的编写内容，充分认识到防灾减灾任务的重要性、迫切性和复杂性。并谨以此丛书作为对我国防灾减灾事业的微薄贡献。

丛书编写办公室与编写组专家密切配合，从多方面保证了编写组工作的顺利完成，在此也表示衷心感谢。另外，由于这是一套科普丛书，受篇幅所限，各册文中所引文献未全部列入主要参考文献表中，敬请相关作者谅解。

编写组长　丁一汇
2008 年 10 月 21 日于北京

前　言

低温冷害是影响我国农业生产的一种重要灾害，主要指夏季低温给农业造成的灾害，这种灾害在中国东北地区最为显著。尽管 20 世纪 50 年代就曾发生过较为严重的低温冷害，如 1954 和 1957 年就发生了覆盖整个东北地区的冷害，并且还影响到东北地区以外，如内蒙古自治区、华北等地区。但是由于 1954 年长江流域的洪水和 1956 年淮河大水造成了巨大的洪涝灾害，因此，那时低温冷害及其预测未受到足够的重视。接下来的 20 世纪 60 和 70 年代中国东部夏季风减弱，特别是 20 世纪 60 年代中期之后夏季降水显著减少，严重干旱频发。除了 1969 年发生了较为明显的梅雨外，未发生类似于 1954 年或 1956 年的洪水。这样一直到 1978 年，仅仅在 1979 年才又开始进入一个洪水多发的时期。所以，20 世纪 60 和 70 年代干旱又成为气候预测的中心问题。然而，就是在这段时期，接连发生了 1969，1972 和 1976 年的低温冷害。这些灾害造成了大范围粮食减产，有时能减产 15％～20％，可见影响之巨大。在这种情况下，低温冷害的业务预报和研究日益受到更大的重视。

不过，受到气候变暖的影响，自 1976 年之后，就没有再发生过类似于 20 世纪 70 年代的严重低温冷害。但是 1977—1995 年间仍不时有范围略小、强度稍低的低温冷害发生。1996—2008 年已超过 10 年未发生大范围低温冷害。这说明随着全球气候变暖，低温冷害发生的频率确实是下降了。但是，这并不意味着我们就不需要研究低温冷害了。因为全球变暖只是气候变化的一个基本旋律。但是，这并不意味着主要由自然原因驱动的年代际变化、年际变化就可以忽略不计了。一旦进入一个年代际变化的低温期，再次发生大范围、甚至严重的低温冷害的可能性仍然不能排除，同时，由于气候变暖，气温波动振幅可能加大，阶段性的低温冷害亦可能加重，况且，随着社会生产的发展，例如农业生产采用新的品种等，往往对气候条件的要求更高，这样对低温冷害影响的脆弱性还会逐步增加。另外，虽然大范围低温冷害的频率下降，但不排除局部地区发生低温冷害。例如近来东北水稻障碍型低温冷害甚至略有增加和加重的趋势。所以低温冷害的研究及预测研究绝对不可放松。

除了夏季低温冷害之外，春季低温连阴雨、秋季寒露风、春季晚霜和秋季早霜、冬季冻害和雪灾也对农业生产有巨大影响。而且影响不仅限于东北地区，同时也不仅限于农业，特别是谷物生产。这些季节的低温冷害或冻害影响涉及经济作物、畜牧、交通、运输、通信乃至工业生产。本书主要目的是阐述夏季低温对中国东北地区农业生产的影响。考虑到对低温灾害认识的系统性，因此，在本书第1章比较系统地介绍了冬、春、夏、秋四季的低温，特别是20世纪后半叶各种低温灾害发生的情况，特别比较了几种灾害气候图集的结果。这样能够对我国各季低温冷害和冻害的发生情况有一个系统的认识。对霜害、冻害等在本丛书其他各分册中有专门的讲述，因此，本书只是宏观的介绍，着重讲近50年灾害发生情况。本书第2章概述低温冷害的基础知识，重点介绍对东北地区作物的影响，第3章介绍低温冷害的监测、评估和防御。这两章更多的是从对作物生长影响的角度来分析。第4章及第5章则集中从气候角度来分析夏季低温冷害。第4章讲述低温冷夏的气候变化。第5章讲形成低温冷夏的大气环流条件与火山活动和ENSO的联系。

由于本书是综合性的介绍，有一定通俗性。因此，只引用了一些最基本的文献。对于过去许多作者的工作未能一一列举，在此表示深切感谢与歉意。本书第1章由王绍武、黄建斌执笔，第2章由马树庆、王琪执笔，第3章由马树庆、王琪执笔，第4章由陈莉执笔，第5章由陈莉、王绍武执笔。

编著者

目　录

第1章　绪　论

1.1　低温冷害研究历史

我国的汛期降水预测业务开始于 1958 年。当时对夏季低温冷害了解尚少。由于 20 世纪 60—70 年代我国东北接连发生了几次严重的低温冷害。东北夏季低温的研究及预测业务才逐步受到了重视。在 20 世纪 70 年代末到 80 年代初开展了东北各省及全国性的协作,于 1983 年出版了《东北夏季低温长期预报文集》,对东北夏季低温形成的天气过程、大气环流条件、外强迫因子及预报试验各方面的研究做了总结。省和中央两级气象局的预测业务也有了很大进展。

从 20 世纪 80 年代中期开始,不少学者对影响中国的气候灾害作了系统的研究,其中低温冷害研究占有重要的地位。1985 年出版了冯佩芝等编著的《中国主要气象灾害分析》,该书全面总结了影响我国的各种主要气象灾害,其中与低温有关的灾害就有 5 项:寒潮和强冷空气,初、终霜冻和冻害,南方春季低温连阴雨,东北夏季低温冷害和南方秋季寒露风。书中附有 1951—1980 年我国历年主要气象灾害及农作物受灾情况。1999 年出版了赵振国主编的《中国夏季旱涝及环境场》,书中包括 1951—1996 年我国逐年主要气候特征、大气环流、海温(包括 ENSO)的情况。1997 年中国科学院与有关单位合作,出版了《中国气候灾害研究图集》,该书包括 1951—1990 年共计 40 年,每年 4 个季节各 1 幅图,描绘了 7 种气候灾害:干旱、雨涝、霜冻、夏季低温、华南寒害、雪灾及台风。而且给出了春、夏、秋、冬四季各种灾害频率分布图。这样在较为完整的资料情况下,使人们对各种气候灾害的全貌有了系统的认识。1996 年出版了《中国气候灾害的分布和变化》论文集,其中有关于东北夏季低温、华南春季连阴雨和寒露风以及寒潮的论文,对各种灾害的形成机制、变化规律和经济影响进行了深入分析。2007 年中国气象局出版了《中国灾害性天气气候图集》，书中与低温灾害有关的图例包括寒潮、东北夏季低温冷害、南方春季低温冷害和秋季寒露风。给出了 1961—2006 年的完整序列。这是中国气象局第一次正式公布气候灾害的系统资料。同时，丁一汇主编、李维京副主编的《中国气象灾害大典·综合卷》分现代（1951—2000）、近代（1900—1950）和古代（1900 年之前）三段时期，分门别类地汇集了气候灾害原始记录，其中低温冷冻灾害包括寒潮、春秋霜冻和夏季低温，该书是研究气候灾害的非常宝贵的参考资料。

从灾害学的角度来讲，低温冷害研究重点是分析严重低温条件对作物和农业生产的危害及防御技术措施。通过多年的研究和实践，人们已经把农业低温灾害划分为作物低温冷害、作物霜冻害、冬季作物冻害和南方作物寒害（寒露风）等四类。通常所说的作物低温冷害，一般指在作物生长发育期间，出现较长时间的持续性低温寡照天气，或者出现短期的强低温天气过程，最低气温在 0 ℃以上，但日平均气温低于作物生长发育的适宜温度下限指标，影响农作物的生长发育和结实，并引起减产的自然灾害。冻害是指越冬作物和果树等在越冬期间，因长期严寒或几天时间的冻融交替，引起作物和果树在较短时间内枯死、腐烂。发生冻害的温度范围是在 0 ℃以下，甚至 −20 ℃左右，而且作物或果树的冻害都有明显的症状，这与冷害是完全不同的。橡胶等热带、亚热带作物受寒潮低温危害的现象称为寒害。

经过近 40 多年的研究，人们已经认识到低温冷害对作物的危害主要有三种情况：一是低温延缓发育速度，致使作物在秋霜来临时尚不能完全成熟；二是低温降低作物的生长量和群体生产力；三是低温使作物的生殖器官直接受害，影响正常结实，造成不孕，空秕粒增多。人们还根据致灾机理把低温冷害分为延迟型冷害、障碍型冷害和混合型冷害等类型。又根据冷害发生时期，把低温冷害分为前期冷害、中期冷害和后期冷害。

近些年来，在作物低温冷害的监测、预测、评估和综合防御等方面的应用研究和应用基础研究取得了长足进展。以东北地区作物低温冷害为例，在 20 世纪 70—80 年代就总结出作物低温冷害的指标，近年来又建立了玉米和水稻等主要粮食作物延迟型和障碍型低温冷害的监测和损失评估指标体系，初步建立了监测、预测和评估的方法和模型。在低温冷害的防御方面也取得了新的进展，作为国家"八五"、"九五"和"十五"农业攻关项目的重要课题之一，通过田间试验和模拟研究，在传统防御技术的基础上，总结、提炼出主动防御和被动防御、战略防御和应急防御相结合的防御技术，并在综合防御技术方面取得了长足进展。这些作物低温冷害的监测、预测、评估和综合防御等方面的研究成果在东北等地区的农业气象服务业务和农业生产中应用，取得了良好的社会和经济效益。

本书的重点是分析东北夏季低温冷害，这是我国影响最大的低温灾害。但是，为了使读者能够对各种低温灾害有一个全面的了解，本章先对我国的温度变化和四季的低温灾害做一扼要的介绍，第2～5章，主要讲述东北夏季低温冷害。

1.2 中国的温度变化

1.2.1 温度变化的背景

低温冷害是由于温度低而形成的灾害，因此，低温冷害的发生频率和强度与温度变化的背景有密切的关系。过去几十万年以来，盛行以10万年为周期的冰期-间冰期旋回，每个旋回包括一个冰期和一个间冰期。距我们最近的冰期中的最寒冷时期，称为末次冰期冰盛期（LGM），出现于21 kaBP（kaBP指距公元1950年有多少千年）。我们现在生存的时期称为间冰期，在地质学上称为全新世，开始于11.5 kaBP。LGM以来，全球平均温度已经上升了4～7 ℃，个别高纬地区上升了10 ℃以上。每个旋回中只有约20%时间为间冰期，近4个旋回中间冰期每个只有1万～2万年。现在公认冰期-间冰期旋回是地球轨道要素变化造成的。根据地球轨道要素的变化，估计未来3万年不可能进入冰期。这表明当前的间冰期还可以维持相当长一段时期。

进入全新世后我国气候暖湿，根据各地的孢粉记录，8.5～3.0 kaBP为大暖期，是气候最适宜期。但是，也有一些证据表明，在我国纬度较高地区如新疆早全新世（10.5～7.0 kaBP）最暖。无论如何，愈来愈多的资料说明，我国的气候湿润度在早全新世最高。中全新世逐渐趋于干旱，在夏季风北缘及西北地区东部表现最明显。晚全新世是持续的气候干旱时期。这个大的变化趋势显然受地球轨道要素影响，特别是岁差影响。由于岁差变化，早全新世北半球夏季太阳辐射最强，以后持续减弱直到晚全新世。所以，全新世我国气候有向冷干变化趋势。但是，总的来讲目前仍处于气候暖湿的间冰期，与冰期的气候迥然不同。

20世纪末到21世纪初，古气候学有一个重要的发现，就是气候的不稳定性。过去曾经认为冰期的气候特点是持续的寒冷，间冰期是暖湿。后来发现冰期中也有激烈的千年尺度气候振荡，表现为温暖的间冰阶与寒冷的冰阶的交替。间冰阶在间隔1 470年或其倍数时间出现。末次冰期80～10 kaBP就出现了21次这样的间冰阶。冰阶-间冰阶温度振幅达到冰期-间冰期旋回的1/2

到 3/4，可见变化之激烈。最后一次间冰阶之后即出现新仙女木（YD）事件。YD 事件温度的振幅就达到冰期-间冰期旋回的 3/4。YD 事件冷期约持续 1 000 年，而进入及走出 YD 事件只有几十年，或个别地点不足 10 年，因此称为气候突变。

全新世的气候也不稳定。在气候暖湿的背景上，出现了若干次冷事件。不过这些冷事件持续时间及强度均不能与冰期中的千年尺度气候振荡相比。例如，北大西洋 YD 事件的海温振幅为 4.5 ℃，而全新世最强的 8.2 kaBP 事件海温振幅才 1.5 ℃，小冰期只有不到 1 ℃。8.2 kaBP 事件持续时间只有 200 年，远低于 YD 事件。所以，虽然有人把全新世的冷事件也称为气候突变，但是其突变性显然远不如冰期中的千年尺度气候振荡。大量证据表明，全新世的冷事件可能有 9 次，最近一次为小冰期，时间间隔在千年以上，因此也可以列入千年尺度气候振荡。最近一次千年尺度气候振荡的暖期即中世纪暖期，大约在公元 900—1 300 年；冷期即小冰期开始于距今 400 年前。所以，我们分析过去几百年的史料时，常发现大量的低温、霜冻、大雪、冻雨、寒冬，这些灾害无论频率还是强度均远高于 20 世纪。

但是，人类活动可能会对气候的自然变化产生巨大的干扰。因为，由于先是砍伐森林，后来工业发展，燃烧煤、石油、天然气等化石燃料，向大气中排放了过多的 CO_2，再加上扩建稻田、开矿、发展畜牧业释放了大量的甲烷，使大气中的温室气体显著增加，仅 CO_2 就增加了 30% 以上。温室气体的增加加剧了温室效应，造成全球气候变暖，根据 IPCC 第 4 次（2007 年）评估报告，近百年（1906—2005 年）全球平均气温上升了 0.74 ℃，而第 3 次（2001 年）评估报告分析 1901—2000 年才上升 0.60 ℃，可见气候变暖趋势加剧形势之严峻。对我国 20 世纪气候变暖的估计因资料不同及分析方法不同而有不少差异。但是，大部分估计近百年增温在 0.5~0.8 ℃ 之间，与全球气候变暖的趋势基本一致。尽管大部分科学家相信这是人类活动造成的温室效应加剧的结果，而且气候模拟也提供了强有力的证据。但是，仍有一些科学家认为太阳活动的增强，或火山活动的减弱对气候变暖也有一定的影响。例如 20 世纪中期 1920—1950 年气温较高、火山活动弱可能也是一个原因。同时，把火山活动、太阳活动的影响加入模式后，确实也能更好地模拟近百年的温度变化。这表明自然原因造成的气候变化仍不可忽视。

1.2.2 近百年中国的温度变化

近百年全球气候变暖，这个过程极大地影响了低温冷害等灾害的发展变化。所以，在分析这些灾害之前，先要对气候变暖做一个概括的分析。为了确认变暖的幅度、速度以及影响范围，建立一个对我国有代表性的温度序列是十分重要的。如果把能够收集到的我国温度观测序列统统利用起来，无疑会包括可能多的信息，但是这样构成的平均序列的不均匀性是可以想象的。19 世纪末可以采用的单站温度序列不超过 10 个。1951 年之后的资料则普遍使用国家气候中心（NCC）整理的 160 个站的月平均温度序列。近来也有的作者 1951 年以后的温度序列应用更多的单站序列。但是，早期和晚期所用站数的差异就更突出了。这样就造成了两个方面的影响：①台站多、覆盖面大，台站少、覆盖面小，造成地域代表性的变化；②台站多、平均值的标准差小，台站少、平均值的标准差大，容易形成平均序列早期振幅大、后期振幅小的结果。有人曾经利用不同数量测站建立了我国温度序列，1880—1910 年期间只用了哈尔滨、北京、上海及广州 4 个测站；1911—1950 年用我国温度等级换算，缺少新疆、西藏及台湾的资料；1951 年开始用 160 个站的观测资料。这样建立的温度序列显示，我国的气候变暖非常弱。后来王绍武等（1998）建立了覆盖全国 10 个区的新序列，这个序列反映出我国有明显变暖的趋势，而且与国外新建立的格点序列有较高的相关，说明有较好的代表性。这表明资料的处理能对结果有很大的影响。

王绍武等（1998）建立的序列（简称 Wang98）有以下几个特点：①全国划分为 10 个区，包括了西藏、新疆、台湾，覆盖面完整；②每个区只用 5 个代表站做平均，早期只有 1 个站时，标准差按比例缩小；③凡是缺测用冰芯 $\delta^{18}O$、树木年轮及史料插补。这样就得到了 1880 年以来 10 个区的年平均温度序列，然后再按每个区的面积大小加权平均，得到我国温度序列，各区的面积不是按地理或行政区域划分的，而是用代表站与 1°（经度）×1°（纬度）格点气温的相关确定的。应该说这个序列在分析方法上是比较严谨的，误差可能主要来自代用资料，这是因为：①代用资料本身有误差，如冰芯 $\delta^{18}O$ 是否同时受降水量影响，在较低纬度这个问题是比较严重的；②建立序列时西藏地区的冰芯尚未充分开发，只用了树木年轮资料；③温度分区是根据观测资料得到的，代用资料的代表性尚需要研究。因此，这个序列只能认为是一个初步的结果，还可以进一步改善。但是，无论如何为我们提供了一个在统计上较为均匀的序列。

2005 年英国 East Anglia 大学的气候研究中心（Climatic Research Unit，简称 CRU）释放了高分辨率（0.5°×0.5°格点）全球陆地月平均温度序列，从 1901 年 1 月开始至 2003 年。这个序列未利用卫星资料及模式同化，单纯使用地面观测资料，缺测用统计方法内插。闻新宇等（2006）利用 CRU 的资料，按上面谈到的 10 个区的地理范围建立了区的温度序列，同时按区的面积加权得到我国平均温度序列。10 个区 CRU 的序列和王绍武等（1998）的序列相关最高的是台湾，相关系数达到 0.98，其次东北也达到 0.93，其余大部分区相关系数在 0.75～0.85 之间，对于 100 年的序列，这是很高的相关了。两个用完全不同的方法和不同资料建立起来的序列有这样高的相关，说明这两个序列的可信度较高。

图 1.1 给出了我国平均温度序列，图右下方为 10 个区分区的示意图。两个序列的相关系数达到 0.84。对于 100 年的序列这是超过 0.001 信度的高相关了。从图 1.1 可以看出，年际变化的峰值符合得比较好。但是，1951 年之前 Wang 98 的振幅较大，这可能是 CRU 的资料经过内插削弱了极值的结果。从 1951 年开始往后 CRU 给出的气温距平普遍略高于 Wang 98 的结果。这是否与应用的温度观测资料有关，尚需进一步研究。因为，气候变暖在最低温度上表现得更明显。由于 1951 年之前 Wang 98 的序列值普遍略高于 CRU 的序列值，而 1951 年之后又略低于 CRU 的序列值。所以，CRU 序列得到的近百年变暖的趋势为 0.72 ℃/(100a)，而 Wang 98 仅 0.41 ℃/(100a)。此外还有不少学者对中国的变暖趋势做出了估计，由于资料覆盖面不同及年代不同而结果彼此有一定出入。在考虑了 21 世纪初期 5 年之后，对中国气候变暖的估计大部在 0.5～0.8 ℃/(100a) 之间，与全球或北半球平均接近。

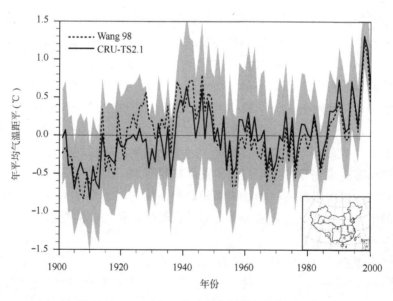

图 1.1　1901—2000 年中国年平均气温距平（℃）
阴影为 CRU 的年平均最高温度和最低温度的范围（闻新宇等 2006）

从 20 世纪 10 年温度距平来看，20 世纪开始两个 10 年是比较冷的。1921—1950 年 30 年气温回升，大陆中部最明显。以后，1951—1980 年 30 年温度再次降低。1981—1990 年温度持续升高，东北及新疆升温最剧烈。1991—2000 年全国普遍变暖。

1.2.3 温度变化的两种基本模态

如上所述，要较为准确地定量研究气候变暖，需要建立一个均匀的序列。Wang 98 序列虽然覆盖了全国陆地，但是分辨率只达到年，因此建立时间分辨率更高的序列仍是一个巨大的挑战。我国现有的 20 世纪前半叶残缺不全的记录主要限于 100°E 以东的东部地区。因此，如果想在这个观测序列的基础上建立较为均匀的温度序列，只能限于东部地区。另外，东部有丰富的史料，这些资料大多伴有月到季的时间记载，而西部类似的史料则很少。所以，我们在分析季节变化时，不得不限于研究东部地区。在这个地区我们选取了大体上均匀分布的 71 个站（表 1.1）。选取的标准是：①在 1951 年之前至少要有 10 年以上（包括 10 年）的观测记录；②属于国家气候中心（NCC）整理的 1951 年以来观测序列 160 个站之内；③站点之间分布相对均匀。1951 年之后有 NCC 的序列，1880—1950 年 71 年合计缺测 62.7%。这就是说，在这 71 年中只有大约 1/3 的年份有观测记录，2/3 的年份要靠代用资料插补。考虑到史料的时间分辨率只到季，所以，把重建的时间尺度定为季。序列长度仅向前延伸到 1880 年。

表 1.1 71 个站序列在不同时间有观测记录的测站数

年	1881	1891	1901	1911	1921	1931	1941	1951
站数	2	5	12	26	36	47	66	71

资料来源：濮冰等，2007

具体做法是：①根据 1961—1990 年 71 个站的 4 季温度对每个站、每个季划分 7 级。这样精度稍高于过去通用的 5 级。1～7 级自暖到冷分别占 30 年中的 1，3，7，8，7，3 和 1 年。这实际上是从过去的 5 级中转化来的。过去分级的概率为 12.5%，25%，25%，25% 及 12.5%。现在 1～2 级共 4 年，占 13.3%；3 级 7 年，占 23.3%；4 级 8 年，占 26.7%；5 级的概率与 3 级相同，占 23.3%；6～7 级则与 1～2 级相同，占 13.3%。这里增加了 1 级和 7 级，即 30 年中的最高与最低，可以增加拟合的振幅。②把 71 个站 1951 年之前所有观测记录均按 1961—1990 年的资料划分为级别填绘到图上。③把根据各省与中央编制的史料划分 1880—1950 年 4 季 71 个站的级别填绘到图上。

④根据逐年每个季的温度等级图调整、插补,最后确定 71 个站 1880—1950 年 4 季每个季的温度等级图。⑤最后再把所有缺测站的温度等级按 1961—1990 年的标准转换为温度距平与所有观测记录合并,就得到了完整的 1880 年以来的 71 个站 4 季温度序列,这个序列已延长到 2004 年,并可随时更新。

由于各季温度变幅不同,因此每个级代表的温度距平值也稍有差异,大体上冬季大,而夏季小(表 1.2)。由于级别是按 1961—1990 年资料划定的,所以这个距平即相当于 1961—1990 年温度距平。这样建立序列的不确定性可能来自几个方面:①有时缺少记录也没有史料可以参考,单纯利用空间连续性内插而带来的误差;②史料性质带来的误差,如史料中包括的主要是天气过程的描述,如一次寒潮或一次大风雪等,但是却用来划分季温度级别;③对温度距平极值判断的误差,如表 1.2 所示 7 级的温度距平冬季平均为 2.6 ℃,这是 71 个站平均的结果,单站之间尚有变化,这也限制了对过去温度距平绝对值的估计,不可能得到超过 1961—1990 年期间的极值。

表 1.2　4 季温度级别对应的 71 个站平均气温距平　　　　　单位:℃

级	1	2	3	4	5	6	7
冬	2.1	1.5	0.8	0	−0.7	−1.6	−2.6
春	1.6	1.1	0.5	0	−0.6	−1.2	−1.6
夏	1.2	0.9	0.4	0	−0.4	−0.8	−1.2
秋	1.4	1.0	0.5	0	−0.5	−1.0	−1.6

资料来源:濮冰等,2007

由于建立了 71 个站四季温度序列,因此就有可能研究温度变化的模态。为了检查模态的稳定性,分 1880—1950 年和 1951—2004 年两段时间、四季分别作了 EOF 分析。表 1.3 给出了前两个 EOF 占总方差的百分比。EOF_1 反映了我国东部温度变化的一致性;EOF_2 反映了我国东北(包括现在的东北三省和内蒙古自治区东北部,也可以简称关外)与关内的差异。由此可以得到几点结论:①前后两段时间温度变化的空间模态十分相似,这说明尽管前一段时间有大约 2/3 为代用资料插补,仍然能反映气温变化和基本特征。②前后两段时间空间模态的一致性说明气候的稳定性。③前两个 EOF 或者称为基本模态在温度变化中占绝对优势,后一段时期冬季达到 88%。④后一段时期各季解释的总方差普遍高于前一段时期,可能有两个原因:其一,前一段时间长 71 年,后一段时间长 54 年,时间愈长解释的总方差愈少,因为样本多,复杂性加大;其二,前一段时期应用了大量代用资料,而后一段时期只应用观测资料,上面已讲到,代用资料有不确定性,也增加了温度变化的复杂性,因此,前一段时期 EOF 解释的总方差就要少一些。⑤冬季与夏季温度的两个 EOF 很相似,夏季江南南部与华南同大陆中部变化不同,反映了气候带的北移。但是，大的格局是同冬季类似的。春、秋两季的情况与冬季更为相似。有了这个基础就可以把 125 年每年 4 季连为一个序列做 EOF 分析了。结果表明：EOF_1 占总方差的 61.4%，EOF_2 占 19.0%，共计 80.4%。从图 1.1 可见近百年我国温度有两段时间变暖明显，一段是 1920—1950 年，一段是 1980 年之后。EOF 分析表明，后一段时间主要是 PC-1 的正值明显，前一段时间主要是 PC-2 的正值明显。这也反映出 1920—1950 年的暖以关内为主，1980 年之后全国变暖。

表 1.3　71 站四季温度 EOF_1 和 EOF_2 占总方差百分比　　　单位：%

时间		冬	春	夏	秋
1880—1950 年	EOF_1	52	49	40	48
	EOF_2	28	28	20	26
	合计	80	77	60	74
1951—2004 年	EOF_1	74	70	53	68
	EOF_2	14	14	18	14
	合计	88	84	71	82

资料来源：濮冰等，2007

为了检验温度变化两种基本模态的真实性，并探讨其形成原因，利用 NCAR 的大气环流模式 CAM2，用观测的海温和海冰资料作边界条件，对 1871—2003 年资料作积分。共用 12 个成员作集合平均。分析 1880—2000 年 121 年的集合模拟，其中冬季最典型。前两个 EOF，其中 EOF_1 占总方差的 48.0%，EOF_2 占 23.3%，合计 71.3%。可见，无论是 EOF 特征，还是占总方差的百分比，模拟值与观测值均有很大的一致性。更为可贵的是，模拟的 PC-1 和 PC-2 与相应的观测值的相关系数分别达到 0.43 和 0.36。对于 121 年的序列，这已经达到 0.001 的信度。而且，确实模拟的 PC-1 在 1980 年之后有上升的趋势，PC-2 在 20 世纪 20 和 40 年代有一定的正值峰值，尽管这些峰值不够稳定，但无论如何，这进一步证明，我们展示的温度变化的两种基本模态是非常突出的。一般认为，1980 年之后的变暖更大程度上是人类活动造成的全球变暖的一部分，而 20 世纪 20 和 40 年代的变暖同时受自然因子的影响，如火山活动的减弱及太阳活动的增强。这也可以通过这两种模态的变化表现出来。在模拟中，我们仅仅考虑了海洋的强迫，这是因为人类活动造成的温室效应加剧以及自然的火山活动或太阳活动的影响，均可以通过海洋的强迫表现出来。如果在用观测的海洋作强迫的同时，再加上 CO_2 等温室气体增加的影响，就有可能重复了温室效应的作用。当然实测的海洋状况是否完全反映这些外强迫因子，也是一个值得研究的问题。但是，模拟研究至少可以证明我国的温度变化的两种基本模态是真实的，而且能在一定程度上复制出模态的时间主分量变化。这就表明，这些变化可能是受外强迫影响形成的。对我国温度变化的这些认识，将为低温冷冻害的研究提供背景材料。

1.3 近 50 年中国四季的低温冷冻害

1.3.1 寒冬

寒冬是气候学概念的灾害，指冬季平均气温大大低于多年平均的冬季。首先要说明，寒冬与寒潮是不同的概念。寒潮是天气灾害，是一次天气过程。中国气象局早就有严格的定义，把过程降温≥10 ℃、温度负距平绝对值≥5 ℃的天气过程定义为寒潮，而把降温幅度小的定义为强冷空气，或一般冷空气。寒潮又可以根据影响的地理范围分为全国类、北方类和南方类。寒潮发生于 9 月到翌年 5 月的 9 个月时间内，平均每年 4.5 次，大多数年份每年3～6 次。一般可以想象寒潮多的冬季寒冷。例如，1976—1977 年冬（以下一律称为 1977 年冬，依此类推）我国东部 71 个站平均温度比 1971—2000 年平均（以下一律为对此时间求距平，不再说明）低 2.51 ℃，这个冬季有 2 次全国类寒潮，2 次全国类强冷空气，3 次北方类强冷空气。但是，寒潮次数有时同季平均温度有关，有时又对应得不好。这是因为冬季的温度与前期温度、寒潮后回暖的速度、下垫面状况、地面冷高压的稳定性等均有联系，而这些因素不一定能在寒潮频次上有反映。例如，1979 年冬相对温暖，温度距平为＋0.95 ℃。这个冬季有 3 次寒潮，其中 1 次全国类，1 次北方类，1 次南方类。1968 年冬，温度距平达到－2.04 ℃，却只有 2 次全国类强冷空气。

实际上，冬季的灾害主要表现在冻害与雪灾。这两项与寒冬有密切关系，但是又有其独特性。冻害可发生于秋、冬、春三季，我国东部有两个冻害频率较高的地区，一个在东北三省的中部到内蒙古东南部，直到西北的东部，以秋季冻害为主，但是春季冬麦区有时也受冻减产。另一个冻害高频区自长江下游到江南中部，主要发生于冬季。这时长江以北除冬小麦以外已无作物生长，而冬小麦进入越冬期，有一定抗寒能力。但是，长江下游及其以南地区有农作物，华南及江南南部还有热带经济作物。如 1955 年 1 月 9—12 日发生强寒潮，江淮流域最低温度下降到－10～－20 ℃，南岭山脉一带也降到0～－3 ℃，加上大雪和冻雨，热带经济作物严重冻害。湖北油菜冻死 40％～50％，大、小麦冻死 10％～20％。广东冻死耕牛 11 万头。湖南柑橘减产55％。江苏麦苗冻死冻坏 4.13 万 hm²。广东冬作物 20 万 hm² 失收，20 万 hm²减产。湛江 80％的橡胶幼树冻死。广西灵山、合浦、东兴等地橡胶树冻死

90％～96％。1977年冬发生了20世纪后半叶另一次极端严重的冻害。1977年1月下旬全国大部分地区最低温度较常年偏低5～10 ℃，长江中下游两湖平原地区偏低15～18 ℃，许多地方出现了20世纪后半叶有系统观测以来的最低值。山东威海结冰几千米，冰厚最大达70 cm，太湖、洞庭湖均结冰。北方冬小麦也受冻害。宁夏、内蒙古牧区牲畜受灾657万头。广东、广西等地耕牛冻死100万头。长江及其以南地区354.7万 hm² 越冬作物受冻。安徽、湖南、湖北三省茶树、柑橘80％～90％受冻。

表1.4中序列1给出了《中国主要气象灾害分析》中给出的1951—1980年间9个严重冻害年。序列2为华南强寒潮，时间是1951—1990年，两者有许多一致之处。序列3给出《中国气候灾害分布图集》中的严重冬季雪灾。这主要指内蒙古东部、青藏高原东部以及新疆天山一带三个雪灾高发区，季降水量达到一定标准（表1.5）的范围大（20站以上）、强度大的年份。序列4为《中国灾害性天气气候图集》中1954—2004年期间草原牧区年雪灾过程次数较高的年（平均0.5次以上）。把草原牧区雪深等于或大于5 cm的连续积雪日数等于或大于7天记为一次雪灾过程，用当年10月至翌年5月雪灾过程总次数除以总站数，得到平均每年在0.2～0.6次之间（图1.2）。由于统计的时间不同，物理量不同，甚至地理范围也不尽相同，所以表1.4中序列3和序列4有一定差异是可以理解的。序列5给出71个站中平均冬季温度距平达到−1.8 ℃（寒冬）及−1.5 ℃（冷冬）的年份，冷冬用括弧表示。可见与冻害和雪灾还是较为一致的。1955，1969，1972和1977年都是严冬或冷冬，冻害与雪灾也较为严重。但是，2007—2008年冬季平均温度距平只有−0.2 ℃，而我国南方却遭受到几十年到上百年一遇的冻雨和雪灾，造成上千亿元的经济损失。也许这是在气候变暖情况下冬季灾害的一个特点。

表1.4 近50年冻害、雪灾及冷冬年表

年代	序列1	序列2	序列3	序列4	序列5
1950s	1955，1956	1955，1958	1957	1954，1955，1956	1955，1957
1960s	1966，1967，1969	1966，1969	1966，1969	1963，1967	(1964，1967)，1968，(1969)
1970s	1972，1974，1976，1977	1972，1974，1976，1977，1978	1971，1972，1973，1979	1972，1977	(1970，1972)，1977
1980s	—	1980，1988	1980，1987，1988	1987	(1984，1985)
1990s	—	—	1990	1992，1999	—
2000s	—	—	—	2003	—

注：序列1：严重冻害，《中国主要气象灾害分析》，1951—1980年
序列2：华南强寒潮，《中国气候灾害分布图集》，1951—1990年
序列3：严重雪灾，《中国气候灾害分布图集》，1951—1990年
序列4：严重雪灾，《中国灾害性天气气候图集》，1954—2004年
序列5：71站平均温度≤−1.8 ℃（括弧中为≤−1.5 ℃），1951—2006年

表 1.5 冬季雪灾的标准

季降水量（mm）	≥18	12～17	9～11	6～8	3～5
雪灾（％）	10～30	30～50	50～85	100～175	250～400
严重雪灾（％）	>30	>50	>85	>175	>400

资料来源：中国科学院大气物理研究所等，1997

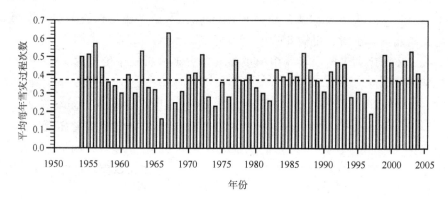

图 1.2　1954—2004 年草原牧区年雪灾过程次数历年变化

(中国气象局 2007)

图 1.3 给出了近 50 多年最冷的两个冬季——1955 和 1977 年的温度距平。可以看出，这两个冬季确实全国大部分地区温度为负距平，但是地理分布则有一定不同。1955 年西部新疆最冷，而 1977 年东北及内蒙古东部更冷一些，新疆的负距平也达到了−4 ℃。不过这两个冬季青藏高原部分地区温度为正距平，这与全国温度的主要特征不同。

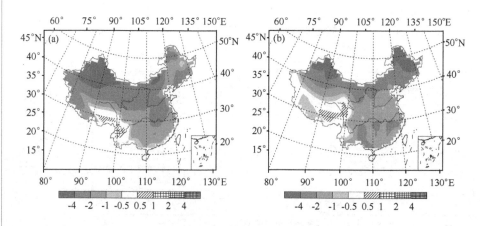

图 1.3　1955 年(a)和 1977 年(b)中国冬季温度距平(℃)

(对 1971—2000 年平均)

1.3.2　春季南方低温冷害

通常 2—4 月华南至长江下游先后进入早稻播种育秧大忙季节，在此期间冷空气活动频繁，从北方来的冷空气和从南方来的暖湿空气相遇，气团在此交汇，形成低温连阴雨天气，造成烂秧和死苗，对水稻生产造成严重危害。

冯佩芝等（1985）用 2 月 11 日—3 月 20 日，共 38（39）天的日平均气温≥12 ℃的日数为标准来划分早稻播种天气。华南南部地区的标准见表 1.6。根据这个标准，1951—1980 年期间播种天气条件很差型的有 7 年：1951，1956，1957，1967，1968，1969 和 1978 年。20 世纪 50 年代有 3 年良好型、3 年很差型、4 年较差型，是近 50 年中早稻播种条件最差的 10 年。

表 1.6　华南南部早稻播种天气

类型	日平均气温≥12 ℃的日数（d）	阴天日数（d）
良好型	≥34，或连续≥27	≤21
较好型	31～33	22～24
较差型	27～30	25～27
很差型	≤26	

资料来源：冯佩芝等，1985

华南北部早稻播种天气的标准与表 1.6 大同小异，1951—1980 年期间共有 6 年很差型：1951，1952，1954，1970，1976 和 1979 年。《中国气候灾害分布图集》一书对华南（广东、广西、福建及海南 4 省（自治区）48 个站）春季低温判断标准是：2—3 月日平均气温连续 3 天或 3 天以上降至 12 ℃以下为低温冷害过程，过程的强度用以下公式表示：

$$I = 0.4D' + 0.2(T' + T_m' + \Delta T') \tag{1.1}$$

式中 D'，T'，T_m' 和 $\Delta T'$ 分别为一次低温过程的日数、平均气温、极端最低气温和有效降温。$1.0 \leqslant I \leqslant 2.5$ 为低温，$I > 2.5$ 为严重低温。根据这个标准，1951—1990 年 40 年期间每年 48 个站以上为严重低温的共 9 年：1957，1964，1968，1969，1972，1974，1977，1980 和 1984 年。图 1.4 为《中国灾害性天气气候图集》中给出的我国南方大体上淮河及其以南地区水稻播种期低温冷害次数。低温冷害标准依然是 2—3 月日平均气温连续 3 天或 3 天以上降至12 ℃以下。表 1.7 给出 4 个低温冷害序列，前 3 个序列采用的低温冷害标准基本上是一致的，主要差别在于分析的地区不同，分析的时间也稍有出入。这 3 个序列是天气灾害序列。第 4 个序列是气候灾害序列。为了与天气灾害序列比较，计算了淮河及其以南地区春季（3—5 月）平均气温距平（对 1971—2000 年平均）。分析范围与《中国灾害性天气气候图集》中大体一致。但是，

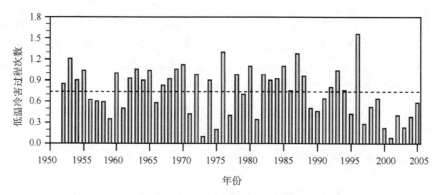

图 1.4　1952—2005 年中国南方低温冷害过程次数历年变化

(中国气象局 2007)

不是由日平均气温得到的低温冷害过程次数，而是由 3 个月平均气温得到的，称为序列 4。分析时段也有不同，前面序列 1～3 集中在 2—3 月，而序列 4 是3—5 月。序列 4 同前 3 个序列也有若干相同之处，这说明春季平均温度与2—3 月的低温冷害也还有一定的联系。1996 年是距现在最近的 1 个低点，温度距平达到−0.94 ℃，而低温冷害的平均次数是 1952—2005 年中最高的（图1.4）。此外，1970，1976，1985 和 1988 年低温冷害频次较高，春季温度距平也明显低于多年平均。由此看来，我国南方春季平均温度距平也能在一定程度上反映早稻播种期的情况。

　　表 1.7 给出了我国南方 4 个序列的严重春季低温冷害年，其中 1957，1969，1970，1976，1985 和 1996 年均在 2 个或 2 个以上的序列有反映。由此看来，每 10 年发生 1～3 次严重春季低温冷害，而且从 20 世纪 50 年代开始到20 世纪 90 年代中期未见明显的年代际变化。但是自 1996 年之后已有 10 年没有再度出现严重春季低温冷害年。这在图 1.5 中看得很清楚，很可能与气候变暖有关。

表 1.7　近 50 年中国南方严重春季低温冷害年表

年代	序列 1	序列 2	序列 3	序列 4
1950s	1951，1956，1957	1957	1953，1955	1951，1954，1957
1960s	1967，1968，1969	1964，1968，1969	1963，1965，1969	1962
1970s	1978	1972，1974，1977	1970，1976	1970，1976
1980s	—	1980，1984	1980，1985，1987	1984，1985，1988
1990s	—	—	1993，1996	1996

注：序列 1：很差型低温连阴雨，华南南部，《中国主要气象灾害分析》，1951—1980 年

　　序列 2：严重低温，华南，《中国气候灾害分布图集》，1951—1990 年

　　序列 3：中国南部低温冷害频次，《中国灾害性天气气候图集》，1952—2005 年

　　序列 4：中国南部 3—5 月平均温度距平≤−0.6 ℃，1951—2006 年

图 1.5 给出两个春季低温年的温度距平。1970 年大部地区偏冷，长江及其以南明显偏冷。1996 年则不同，南方依然偏冷，但东北偏暖。这显然受到气候变暖的影响。

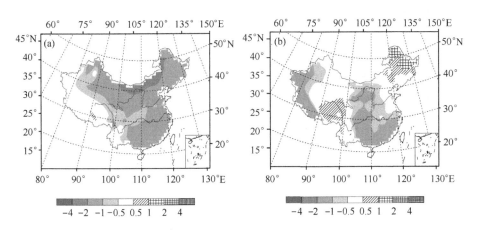

图 1.5 1970 年(a)和 1996 年(b)中国春季温度距平（℃）

(对 1971—2000 年平均)

1.3.3 东北夏季低温冷害

夏季低温冷害是东北地区粮食生产的主要灾害。如 1969，1972 和 1976 年 3 年东北地区共减产粮食 150 多亿 kg。一般用 5—9 月平均温度作为反映低温冷害的指标。冯佩芝等（1985）的标准见表 1.8。达到冷害标准的温度距平依赖于 5—9 月平均温度，平均温度愈高，达到冷害标准的负距平绝对值愈大。大体上温度距平达到−1～−2 ℃可发生一般冷害，达到−2～−4 ℃可发生严重冷害。个别年份个别站温度距平可能显著低于这个标准，如 1957 年齐齐哈尔温度距平达到−6.5 ℃，1969 年佳木斯达到−6.1 ℃，1972 年哈尔滨达到−6.3 ℃，1976 年锦州达到−6.5 ℃，这些年份都发生了严重冷害（表 1.9 序列 1）。

表 1.8 夏季东北低温冷害的标准 　　　　　　　　　　　　　　单位:℃

5—9 月气温距平和	80	85	90	95	100	105
一般冷害	−1.1	−1.4	−1.7	−2.0	−2.2	−2.3
严重冷害	−1.7	−2.4	−3.1	−3.7	−4.1	−4.4

资料来源：冯佩芝等，1985

表 1.9 序列 2 为《中国气候灾害分布图集》的结果，分析的范围包括了内蒙古东部地区，时间也扩展到 1990 年，定义低温冷害的标准基本上与表 1.8 一致。所划定的低温冷害年也同序列 1 几乎完全一致。序列 3 为《中国灾

害性天气气候图集》中给出的最新的研究结果，时间延至 2005 年，但是仍以东北三省为分析对象，未包括内蒙古东部，划定低温冷害的标准与表 1.8 大同小异。与序列 1 和序列 2 的差别是低温冷害年增加了 1951，1952 和 1953 年（图 1.6）。按《中国主要气象灾害分析》，1951 和 1953 年均为局部地区冷害，1952 年则温度条件较好。说明分析地区不同会对结果有影响。序列 4 是王绍武等（1999）《近百年来中国的严重气候灾害》一文中东北地区 6 个站 6—8 月平均温度。这个序列与前几个序列不同之处在于采用 6—8 月的平均温度。但是，从对低温冷害年的反映来看，基本与前几个序列相同。

表 1.9 近 50 年东北地区夏季低温冷害年表

年代	序列 1	序列 2	序列 3	序列 4
1950s	1954，1957	1954，1957	1951，1952，1953，1954，1957	1954，1956，1957
1960s	1960，1964，1969	1960，1969	1969	1964，1969
1970s	1971，1972，1976	1971，1972，1976	1970，1972，1976	1976
1980s	—	1981，1983	1981，1987	1983
1990s	—	—	1992	1993

注：序列 1：东北三省 5—9 月平均温度，《中国主要气象灾害分析》，1951—1980 年
序列 2：东北三省及内蒙古东部 5—9 月平均温度，《中国气候灾害分布图集》，1951—1990 年
序列 3：东北三省 5—9 月平均温度，《中国灾害性天气气候图集》，1951—2005 年
序列 4：东北地区 6 个站 6—8 月平均温度距平≤−0.7 ℃，《近百年来中国的严重气候灾害》，1880—1997 年

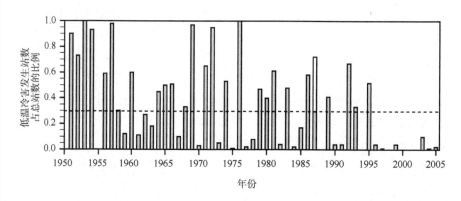

图 1.6 1951—2005 年东北夏季低温冷害发生站数占总站数的比例历年变化
（中国气象局 2007）

图 1.7 给出了两个例子，一个是 1957 年，这是 20 世纪后半叶 3 个最严重的夏季低温年之一。中国东北温度显著低于平均值。另一个例子是 1976 年，全国大部地区气温偏低。

16

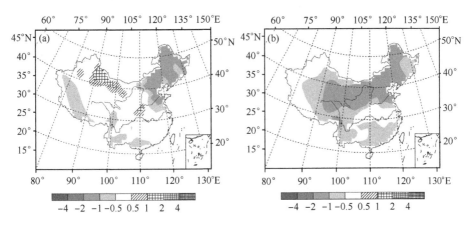

图 1.7　1957 年(a)和 1976 年(b)中国夏季温度距平（℃）

（对 1971—2000 年平均）

1.3.4　秋季南方低温冷害

秋季的主要低温灾害称为寒露风。寒露风出现在每年秋季"寒露"节气前后（10 月 8 日或 9 日），因此得名。寒露风主要影响长江及其以南地区晚稻的生长发育。例如 1971 年 9 月中旬末到下旬初，江西出现了连续 7 天的偏北风，20—21 日平均气温下降到 16.2～16.5 ℃，许多地区晚稻空壳率达到 30%～50%，严重的在 70% 以上，甚至颗粒无收。1965 年 9 月上、中旬湖南平均气温低于 22 ℃ 的有 3～8 天，最长达 14 天，9 月下旬又遭遇寒露风侵袭，日平均气温低达 17～18 ℃，空壳率 30%～40%，最高达 80% 以上。寒露风的危害主要是低温。一般在晚稻抽穗、扬花期，低温出现越早、温度越低、持续时间越长受害就越重。如伴有大风、阴雨则灾害更为严重。影响水稻生产的寒露风日期随地理位置及作物品种而变化。对粳稻而言，日平均气温低于 20 ℃ 在 3 天或 3 天以上为寒露风，对籼稻、杂交稻而言，日平均气温低于 22 ℃ 在 3 天或 3 天以上为寒露风。长江中、下游粳稻发生寒露风的时间为 9 月 1 日—10 月 10 日，籼稻或杂交稻为 8 月 26 日—10 月 5 日，华南籼稻为 9 月 21 日—10 月 31 日。据《中国主要气象灾害分析》一书，这 3 个地区 1951—1980 年期间的重寒露风年列在表 1.10。1957 年的寒露风年先后出现 15～16 天，1967 年 12～20 天，1971 年 13～15 天，是 1951—1980 年期间最严重的寒露风年。《中国气候灾害分布图集》中给出了 1951—1990 年华南秋季寒露风指数，定义与春季低温冷害相同，不过时间改为 9—10 月，也是 $I>$ 2.5 为严重低温。另外，《中国灾害性天气气候图集》提供了 1952—2005 年寒露风过程次数，序列 1～3，序列 4 及序列 5 长度分别为 30，40 和 54 年。而且分析方法和地区均有不同。但是，确认的严重寒露风年，却有很大的一致性。《中国主要气象灾害分析》包括了 3 种水稻及不同地区，共 3 个序列，加上另 2 种序列，表 1.10 共列出 5 个序列的严重寒露风的记录。1957，1958，1967，1971 和 1981 年在大多数序列上均有反映。从地区来看，表 1.10 中序列 1 和序列 2 为长江中下游，序列 3 为华南，序列 4 也是华南，但范围稍广，序列 5 是淮河及其以南地区。序列 1～3 中缺 1980 年以后的资料，所以无法判断 1981 和 1986 年的情况。图 1.8 给出了《中国灾害性天气气候图集》中1952—2005 年逐年平均寒露风次数。

表 1.10　近 50 年中国南部严重秋季低温冷害年表

年代	序列 1	序列 2	序列 3	序列 4	序列 5	序列 6
1950s	1957	1957，1958	1957	1958	1952，1957，1958	1956，1958
1960s	1967	1965，1967	1967	1963，1968	—	1967
1970s	1971，1972，1974，1979	1970，1971，1973，1974	1970，1971，1973，1975，1978，1979	1971，1973，1978	1972	1971，1973，1976，1979
1980s	1980	1980	—	1981	1981，1986	1981，1986
1990s	—	—	—	—	1994，1997	1992
2000s	—	—	—	—	2002	

注：序列 1：长江中下游粳稻重寒露风，《中国主要气象灾害分析》，1951—1980 年
　　序列 2：长江中下游籼稻或杂交稻重寒露风，《中国主要气象灾害分析》，1951—1980 年
　　序列 3：华南籼稻重寒露风，《中国主要气象灾害分析》，1951—1980 年
　　序列 4：秋季寒露风指数高，《中国气候灾害分布图集》，1951—1990 年
　　序列 5：寒露风过程次数多，《中国灾害性天气气候图集》，1952—2005 年
　　序列 6：中国南部 9—11 月日平均气温≤−0.5 ℃，1951—2004 年

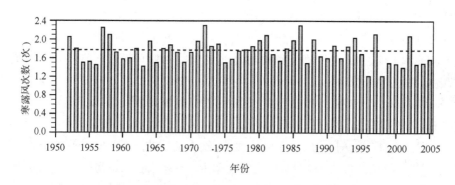

图 1.8　1952—2005 年中国南方寒露风次数历年变化

（中国气象局 2007）

同样为了研究秋季温度更长期的变化，而采用 71 个站序列的淮河及其以南地区（称为中国南部）的秋季平均温度资料。1951 年以来温度距平达到 －0.5 ℃或更低的共 10 年，在表 1.10 中为序列 6。可见序列 6 虽然是季平均温度距平，而且涵盖的地理范围较广，但是反映的低温年却与其他寒露风序列有很大的一致性。

发生寒露风时我国的温度也有两种模态，图 1.9 给出两个例子：1981 和 1971 年秋季温度距平。表 1.10 中序列 1～3 缺 1980 年以后的资料。序列 4 和序列 5 一致反映 1981 年是一个秋季重寒露风年。1981 年 71 站秋季平均温度距平达到 －1.46 ℃，是 20 世纪后半叶最冷的一个秋季，南方的温度距平也达到 －0.85 ℃，仅次于 1976 年。从图 1.9 来看，1971 年东北不冷，与 1981 年呈鲜明对照。

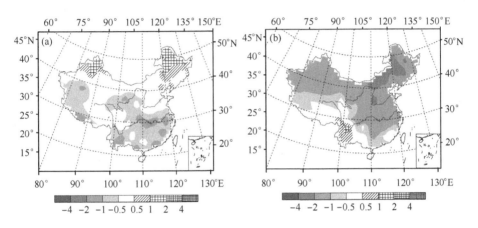

图 1.9　1971 年(a) 和 1981 年(b) 秋季中国南部温度距平（℃）

（对 1971—2000 年平均）

1.4　近百年中国四季的低温

从 1.3 节可见，低温冷冻灾害有明显的年代际变化。冬季冻害及雪灾（表 1.4），20 世纪 70 年代达到 4～5 次，进入 80 年代开始减少，90 年代仅有 1～2 次。春季低温冷害（表 1.7）20 世纪 60 年代最多，90 年代明显减少。夏季低温冷害（表 1.9）也是在 20 世纪 70 年代最活跃，1969，1972 和 1976 年 3 次严重低温冷害发生在 8 年的时间内，20 世纪 80 年代开始不再出现强的低温冷害。秋季低温冷害（表 1.10）也是 20 世纪 70 年代频率最高，达到 4～6 年，80 年代开始下降，90 年代只有个别年份出现低温冷害。显然，这个趋势与气候变暖有关。但是从图 1.1 可见 20 世纪中国的气温变化大体上可以分为 4 段时期：1901—1920 年、1921—1950 年、1951—1980 年和 1981—2000 年，特征是冷、暖、冷、暖。上面分析的低温冷害大约集中于 1951—1980 年期间，与我国温度变化的总趋势是一致的。20 世纪 80 年代之后低温冷害频率的显著下降和气候变暖的趋势是一致的。但是，可以看出，20 世纪前两个 10 年的温度比 1951—1980 年期间要低。因此，可以推测，那时低温冷害的频率可能更高，强度可能更大。但是，由于缺少系统的观测，无法将各种低温冷害的年表向前延伸到 1951 年之前。因此，我们采用分析季平均温度的方法，来探讨这个问题。如表 1.4、表 1.7、表 1.9 和表 1.10 所示，季平均温度达到某一个数值时，大体上与严重低温冷害年相当。所以，我们用近百年四季的平均温度来分析低温年出现的频率。基本资料来自 71 个站 1880—2004 年四季温度序列。其中冬季用 71 个站平均，春季、秋季用淮河及其以南的我国南部平均，夏季用东北 6 个站平均。图 1.10 给出了四季温度距平序列，虚线代表低温标准，凡达到虚线或更低的值为低温。表 1.11 给出了四季低温出现的年数，可见，20 世纪前两个 10 年的低温频次显然要高于 1950—1979 年。同时也可以看出，19 世纪最后两个 10 年低温的频次更高。这个分析使我们认识到，仅靠 1950 年之后的记录，不可能认识低温灾害的全貌。19 世纪末 20 世纪初期低温的频次更高，强度也可能更大。

可以举例说明：1893 年冬，南北各省严寒、普降大雪、江河冰冻。上海奇寒，吴淞江冻经旬不解、人行冰上。江苏太湖冰厚 30 cm。广东大雪厚 30 cm，果木、塘鱼多冻死。广西大雪，江鱼冻死，榕树皆枯，水面结厚冰寸[①]许。这个冬季我国温度距平达到 −2.82 ℃。实际上，在更早一些的时候，还有更冷的记载，可惜那时没有观测记录可以验证，但是从文字记载来看，寒冬确实是触目惊心的。如 1862 年冬，强大的寒潮袭击我国东部，华东、华中普降大雪。上海有的地区积雪厚 1.5 m，黄浦江结冰，半月余始解。浙江平地雪深 1.5~2 m，河湖尽冻，人行冰上。安徽大雪深 1~2 m，个别地区乃至 3 m 以上，苦寒坚冰，松、杨、竹、枣、梓、栗树冻死，河尽冻，可行车马。湖北大雪，湖冰坚，并肩通行人。湖南河水冰坚可渡，柑橘、柚树多冻死。又如 1842 年冬，上海积雪 1.5~2 m，甚至 2 m 以上。江苏大雪月余不消。浙江大雪平地深 3 m。安徽大雪，河水皆冰。江西大寒，树木冻折。湖北大雪深 2 m，至次年春始消，冰坚如石，冰凝四十五日不解，树木多冻死。因为 16—19 世纪为小冰期，这样的记载还很多。估计南方的温度负距平绝对值可达

---

① 1 寸＝1/30 m，下同。

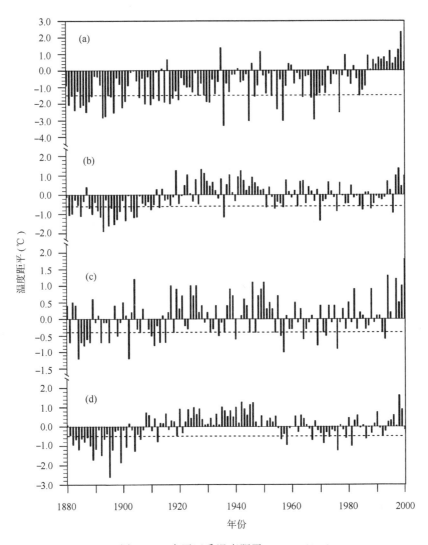

图 1.10　中国四季温度距平（虚线为低温标准）

（a）冬季中国东部；（b）春季中国南部；（c）夏季东北 6 站；（d）秋季中国南部

3 ℃以上。不过 20 世纪就很少出现这样的冷冬了，特别是 1977 年之后已有 30 年未出现达到上述标准的冷冬。显然，这是气候变暖的结果。

　　这样的例子还有很多。我们只是想说明，无论近 50 年还是近百年的低温冷害均不是历史上最强的。另一方面，无论低温冷害的强度或频率，均与气候变化有密切关系。了解气候变化对认识低温冷害的变率有重要意义。

表 1.11 1880—2005 年四季的低温年

年代	冬	春	夏	秋	共计
1880—1889	6	5	6	9	26
1890—1899	3	8	3	6	20
1900—1909	4	4	2	3	13
1910—1919	6	2	5	2	15
1920—1929	1	0	0	0	1
1930—1939	3	1	3	0	7
1940—1949	1	0	3	0	4
1950—1959	2	3	3	2	10
1960—1969	3	1	2	1	7
1970—1979	1	2	2	4	9
1980—1989	0	3	0	2	5
1990—1999	0	1	2	1	4
2000—2005	0	0	0	0	0
共计	30	30	31	30	121

第2章　作物低温冷害基础

2.1　低温冷害概念及类型

2.1.1　作物低温冷害的概念

关于作物低温冷害的定义，不同年代、不同地区的学者有过不同的说法，但基本的内涵是一致的，即指在作物生长季比较温暖的时期内，持续低温使作物生长发育受到抑制，并导致减产。日本农业气象学家坪井八十二认为，冷害是指因夏季低温少日照影响农作物生育而减产的灾害。佐竹彻夫把由于夏季冷凉气候的影响导致作物显著减产的现象叫做冷害。北京农业大学所著的《农业气象学》一书提出，冷害是指温度在 0 ℃以上，有时甚至是接近 20 ℃条件下的低温对农作物生长发育和产量形成产生的危害。《中国农业百科全书·农业气象卷》指出，冷害是农作物在生长季节遭遇 0 ℃以上的低温而受到的损害。王书裕（1995）在《农作物低温冷害的研究》中写到，低温冷害指作物生育期间，出现 0 ℃以上的低温，或者同时出现寡照，影响作物的生长发育并引起减产的自然灾害。

上述低温冷害的定义主要是针对延迟型冷害而言，还有障碍型冷害等类型冷害，因此并不全面。根据各地低温冷害的实际情况，从低温冷害形成机理角度出发，同时综合各家的看法，我们把低温冷害定义为：在作物生长发育期间，尽管日最低气温在 0 ℃以上、天气比较温暖，但出现较长时间的持续性低温天气，或者在作物生殖生长期间出现短期的强低温天气过程，日平均气温低于作物生长发育适宜温度的下限指标，影响农作物的生长发育和结实而引起减产的农业自然灾害。

不同作物的各个生育阶段要求的最适宜温度和能够耐受的临界低温有很大的差异，品种之间也不相同，所以低温对不同作物、不同品种及作物的不同生育阶段的影响有较大差异。冷害对产量的影响程度也因低温的强度和持续时间而异。在冷害程度相同的情况下，不同作物的减产幅度也不同。研究表明，在东北地区的主要作物中，水稻冷害的减产幅度最大，其次是高粱，再次是玉米和大豆。以吉林省为例，新中国成立后的 3 个典型的严重冷害年（1969，1972 和 1976 年）比前一年的减产率平均，水稻为 43.8%，高粱为 25.4%，玉米为 10.6%。

由于冷害一般发生在作物生育的温暖季节，因此并不像霜冻等其他农业灾害那样，作物出现枯萎、死亡等明显症状。冷害对作物的危害主要有三种情况：一是低温延缓发育速度，致使作物在秋霜来临时尚不能完全成熟；二是低温引起作物的生长量（株高、叶面积、分蘖数等）降低，降低群体生产力；三是低温使作物的生殖器官直接受害，影响正常结实造成不孕，空秕粒增多。此外，低温还减弱作物的光合作用强度，引起作物内部生理活动失调等。因为低温对植株的外观影响不很明显，所以我国东北地区的群众把冷害称为"哑巴灾"。

从上述关于冷害定义和作物受害的表现可以看出，低温冷害和霜冻是不同的。霜冻的危害是因短时间的 0 ℃ 以下的低温，引起作物叶片受冻后枯萎或死亡，这与冷害的低温范围及其持续时间不同，植株受害的表现也不一样，所以不能把冷害与霜冻混同起来。但是，在生产实践中，有些年份因为生育期温度低，引起作物生育期延迟，在秋霜日期正常、甚至偏晚的情况下，作物仍遭秋霜危害而不能正常成熟。这种情况，霜害是冷害的必然结果。相反的，有些年份秋霜到来较早，却因生育期温度较高，作物在霜前已经成熟，并不会遭受早霜的危害。所以，既不应把冷害和霜冻的概念相混淆，又要看到二者的危害有时候是互相联系的。

在讨论低温冷害的概念时，还有必要把冷害与冻害、寒害加以区别。冻害是指小麦等越冬作物和果树在越冬期间或在早春和深秋，因长期严寒或几天时间的冻融交替，引起作物和果树在较短时间内枯死或部分器官腐烂。发生冻害的时间主要是冬季，温度范围是在 0 ℃ 以下，甚至零下 20 ℃ 左右，而且作物或果树的冻害都有明显症状，这与冷害是完全不同的。寒害尽管气温也是在 0 ℃ 以上，但它特指橡胶、龙眼、荔枝等热带、亚热带作物在冬季受寒潮低温危害的现象，在受害时间和承灾体上与冷害也是有明显区别的，在概念上不应混淆。

2.1.2　低温冷害的类型

在 0 ℃ 以上、有时甚至是在接近 20 ℃ 条件下的相对低温之所以会危害农作物，是因为这种温度低于作物生理上要求的适宜温度及能够耐受的临界低温，而且不同作物在其生育的不同阶段，要求的适宜温度及能够耐受的临界低温大不相同。一般在苗期和生育后期生理上要求的适宜温度相对低些，当作物生殖器官开始分化到抽穗、开花、授粉和受精的过程中，以及灌浆初期，要求的适宜温度和能忍受的临界低温比较高，此时如发生不适于作物生理要求的低温过程，就会延缓作物生长发育的速度，甚至破坏其生理活动机能，以至抽穗开花延迟，花器官发育异常，灌浆成熟过程延缓，造成不育或灌浆不饱满而导致减产。

（1）从低温冷害形成机理角度出发，作物低温冷害主要有以下四种类型：

延迟型冷害　作物生长期间出现较长时间的持续性低温天气过程，导致生育期积温不足，使作物生理代谢缓慢，作物生育期延迟，不能在初霜到来之前正常成熟，从而导致减产。延迟型冷害如发生在幼穗分化前的营养生长期，低温的危害是延迟抽穗；如发生在子粒形成时期，低温使净光合生产能力降低，导致作物灌浆不充分而减产。

障碍型冷害　作物在生殖生长期内遭受短时间（一般在几天内）异常的低温，使生殖器官的生理活动受到破坏，造成颖花不育、子粒空秕而减产。这种冷害在我国南方就是水稻的"寒露风"灾害。

混合型冷害　就是延迟型冷害与障碍型冷害在同一生长季中相继出现或同时发生，给作物生育和产量形成带来严重危害。

稻瘟病型冷害　在水稻生长期内，因低温阴雨寡照而发生稻瘟病，造成减产，一般称稻瘟病型冷害。

（2）根据冷害发生时期分类，还可以把低温冷害分为前期冷害、中期冷害、后期冷害。

前期冷害　指作物营养生长期遇低温，导致作物生长缓慢，生长量降低，发育期推迟，引起减产。

中期冷害　指从幼穗形成到抽穗开花期的冷害。其特点是幼穗生育缓慢，出穗期延迟，甚至低温直接危害生殖器官，造成子粒不实，空壳率增多。

后期冷害　在作物灌浆至成熟阶段出现低温过程，引起干物质积累速度减慢，灌浆期延长，子粒不能充分成熟，秕粒多，粒重降低。

显然，也可能有前、中、后期都出现冷害的情况（尽管可能性很小），相当于混合型冷害。

不同时期的低温冷害减产程度，主要看总热量条件，即总积温的亏损情况。研究表明，作物生长发育期间，前后期温度变化的影响有一定的互补性，而且以后期高温对前期低温影响的补偿作用更显著。此外，我国有的学者还考虑到光照、降水和干旱等条件，把冷害分为低温阴雨型、低温寡照型、低温干旱型等不同类型。

2.2 低温冷害对农业的影响

2.2.1 低温冷害对农业经济的影响

作物低温冷害在世界多数国家和地区都可能发生，如日本、澳大利亚、孟加拉国、印度、中国、哥伦比亚、秘鲁、美国、印度尼西亚、韩国等，都有作物冷害。农作物因低温冷害而减产的现象，不仅发生于较寒冷的地区，在南温带、亚热带和热带都有发生。因低温冷害而受害的作物不限于水稻、玉米、高粱和棉花等喜温作物，谷子、大豆、小麦、蔬菜和果树等也都有可能因低温冷害而造成不同程度的减产。

低温冷害不仅仅是我国北方地区的农业灾害，南方双季稻区也经常发生，因此是一种全国性的农业灾害。严重冷害年全国粮食减产达 120 亿 kg 以上。东北地区是我国重点粮食生产基地之一，目前每年生产粮食 6 500 万 t 左右，约占全国粮食总产量的 13%，其年产量波动直接影响着全国粮食的供给。由于热量资源不足等原因，低温冷害是东北地区主要农业气象灾害之一，严重冷害年减产 20% 以上，是造成产量不高、不稳的主要因素之一。近 40 多年来，东北各地粮豆生产一般冷害和严重冷害发生频率都比较高。一般冷害年出现频率（减产 5%～15%），辽宁省大部为 15% 以下；吉林省中、西部和黑龙江省西南部为 15%～25%；黑龙江省北部及吉林省东部多为 25%～35%。严重冷害的发生频率（减产 15% 以上），辽宁省大部及吉林省西南部在 5% 以下；吉林省中部及黑龙江省南部为 5%～10%；吉林省半山区及黑龙江省中部为 10%～15%；黑龙江省北部及吉林省东部山区为 15%～25%。也就是说，东北粮食主产区每隔 3～5 年有一次一般性低温冷害，每隔 5～10 年有一次严重冷害。水稻障碍型冷害发生频率，辽宁省大部在 15%～20% 之间，东北地区中部多为 25%～40%，吉林省东部山区较高海拔地带及黑龙江省北部约为 40%～60%，即：东北地区大部每隔 2～3 年就有一次较明显的障碍型冷害，冷害年减产 20% 以上。

40 多年来，东北地区曾发生 8 个严重冷害年，其中 1969，1972 和 1976 年的冷害最严重，黑龙江、吉林和辽宁三省的粮豆总产量比正常年减少 50 亿 kg 以上，三年平均减产为 57.8 亿 kg，减产率达 20%，而且因遭受严重冷害种子质量下降而造成经济损失，还因为缺乏良种和资金不足而影响第二年的农业生产。

我国的棉花主要产区也经常发生棉花低温冷害。新疆棉区棉花低温冷害比较常见，低温的 10 年发生频率约为 30%～40%，热量好的年代也近 20%。辽宁省棉花冷害发生频率为 17%，大约平均 5～6 年一遇，其中 1976 年辽宁省发生严重冷害，全省棉花平均每公顷单产仅 90 kg，霜前花率不超过 20%，棉花品质也大大降低。

我国西北地区的黄河灌区，在高温年可以旱涝保收，但是遇到 1976 年那样的严重冷害时，也造成秋粮大幅度减产，尤其以水稻受害最重，稻谷空壳率上升，甚至没有收成。我国南方双季稻区，后季稻的生育期处在温度由高变低的过程中，其抽穗开花期正是秋季冷空气南侵的时候，容易遭受低温危害，影响水稻正常开花受精，空壳率增加，造成减产失收。早稻在育秧期间遇低温阴雨天气，也会引起烂秧。所以，我国南方稻区的冷害也是相当普遍的。

除我国的冷害影响比较严重以外，日本的水稻生产长期以来就受到冷害的威胁，是造成减产的主要因素。日本水稻产量波动的 60% 是由于夏季温度的年际变化而引起的。日本农业生产受冷害影响的情况有长期的详细记载：历史上的三次大饥荒（1751—1763，1781—1788 和 1830—1843 年）和常说的"明治凶作群"（1869，1884，1891，1893，1897，1902，1905 和 1906 年）都是由低温造成的。进入昭和年代以来，冷害也经常发生，仅 20 世纪 70 年代发生冷害的就有 1970，1971，1976，1977 和 1979 年，接着 1980 和 1981 年连续两年冷害，1983 年部分地方出现冷害。这些冷害年份农业生产所受到的损失程度都很严重。1971 年北海道的冷害使水稻的收成指数下降到平年的66%；1976 年日本北部冷害造成农作物的损失价值 4 093 亿日元；1980 年的冷害总受害面积达 290 万 hm²，经济损失 6 919 亿日元，其中东北的青森县损失最严重，减产 53%。日本北海道地区最易发生水稻冷害，1926－1971 年共发生 15 次，平均每 3 年一次，其中连续 2 年发生冷害的有 5 次。

20 世纪 80 年代以来，由于气候变暖的影响，我国北方地区作物低温冷害的程度和频率尽管都有所下降，但低温冷害仍然是主要农业气象灾害之一，如 1985，1986，1995 和 1998 年我国东北地区发生了低温冷害，造成一定损失。应该指出，由于气候变暖引起气候异常事件增多，作物生长季节温度波动幅度加大，障碍型低温冷害有加重的趋势。例如，受鄂霍次克海冷空气频繁活动的影响，我国东北地区作物障碍型冷害有加重和频繁的趋势，1993—2005 年间，东北地区的东部每隔两三年就发生一次严重的水稻障碍型冷害，其中多数县（市）每次减产 40% 左右，有的几乎绝收。还应指出，随着我国各地种植制度的改革、复种指数的增加和晚熟高产品种的推广应用，北方冷凉地区喜温作物偏晚熟品种的种植比例不断上升，农业生产对热量资源的要求更加严格，农业生产的热量资源供求仍然处于一种紧平衡状态，如遇到低温年，冷害问题将更加突出。另一方面，气候变暖以冬半年变暖为主，作物生长季节变暖不十分明显；而且，气候变暖问题还存在不确定性。可以肯定的是，尽管气候在变暖，但仍然会出现偏冷的阶段和低温的年份，因此低温冷害在今后相当长的时期内，仍然是北方地区主要农业气象灾害之一。

由此可见，冷害对农业和农业经济的影响是严重的，它所造成的经济损失是巨大的。因此，开展作物低温冷害的研究，加强低温冷害的防御，搞好低温冷害的监测、评估、预测和防御方面的信息和技术服务，无论是在过去、现在和将来，都是非常重要的。

2.2.2 低温冷害对农作物生长发育的危害

2.2.2.1 低温对水稻的危害

水稻是对低温反应比较敏感的喜温作物，低温、寡照是水稻空秕率偏高的重要原因。我国北方地区气温不高，热量不足，即使在夏季 7—8 月也常出现低温天气过程，因而易发生水稻低温冷害。水稻生产除了经常发生延迟型冷害外，还经常发生障碍型冷害。近 20 多年来，虽然大范围延迟型冷害发生较少，但区域性水稻障碍型冷害有频繁而加重的趋势，如 1980，1982，1986，1988，1993，1998，2001 和 2003 年，东北地区的延边和牡丹江等地均发生了严重的障碍型冷害，减产都在 20％以上，部分县（市）损失过半，年损失粮食达数十万吨。水稻栽培以水利灌溉为基础，受降水影响不大，其产量丰歉及品质好坏主要决定于是否发生低温冷害，这是北方地区水稻生产最大的风险性因素。

我国广大农民群众非常注意水稻抽穗期早晚及其对结实的影响。如东北地区水稻"处暑不出头，割去喂老牛"、湖南水稻"秋分不出头，割去喂老牛"等谚语指出了不同地区水稻抽穗期过晚将导致减产和绝收的现象。冷害对水稻生长发育和成熟的影响，在营养生长期主要影响叶片、分蘖和根系，温度低，出叶间隔较长，叶片小而少，使总叶面积减少，单位叶面积的光合作用活性减弱，单株根数较少，根长变短，影响养分的吸收。温度低时，分蘖速度减慢，分蘖时间延长，无效分蘖增多。在生殖生长期遇低温，将使幼穗分化进程减缓，小孢子形成期和花粉母细胞减数分裂期受低温危害机会增多，抽穗开花显著延迟，花粉发育不正常，不育率增加。

水稻生殖生长阶段对低温反应敏感的时期有三个，即幼穗分化期（抽穗前 25～30 天）、花粉母细胞减数分裂期（抽穗前 10～15 天）、抽穗开花期。对南方广大地区来说，抽穗开花期易受秋季低温的危害，花粉母细胞减数分裂期和幼穗分化期受低温危害概率较小。我国北方障碍型冷害的敏感期是幼穗分化期和花粉母细胞减数分裂期，多数人认为花粉母细胞减数分裂期是造成结实障碍的主要时期。

低温延迟水稻抽穗和成熟的敏感时期是在颖花分化前的营养生长期，此期间水稻生长的适温为 26～30 ℃，这个时期遇到低温，水稻出叶速度慢，抑制分蘖，阻碍幼穗分化，以致延迟抽穗，发生延迟型低温冷害。营养生长期下限温度是 16～18 ℃。在水稻营养生长期内，低温影响时间越长，则稻株含氮量高、代谢机能紊乱，易加剧孕穗期的低温不育。我国东北地区水稻营养生长期遭受冷害的概率较高。在营养生长期间，低温使穗原始体分化推迟 5～11 天，则晚抽穗 7 天左右。抽穗期延迟的天数主要与品种有关，早熟品种延迟天数少，愈是晚熟的品种延迟抽穗的天数愈多。

水稻生殖生长期受到低温影响会产生障碍型冷害。水稻生殖器官形成和发育的临界温度比营养生长期要高，因而它们对低温的反应比营养生长期敏感。在遇到降温时，水稻茎叶尚无反应，而正在发育的幼穗或花粉却已受害。由于障碍型冷害直接破坏穗和花的发育，所以是形成子粒空秕的主要原因，也是导致我国水稻遭低温减产的主要原因。

水稻障碍型冷害减产的原因，一般认为是低温导致减数分裂期生理机能紊乱，使花粉不能正常发育，形成空粒或畸形粒；抽穗开花期遇低温，则抑制花粉粒正常生长，物质代谢失常，这种受害的花粉粒有的虽然仍可完成发芽和受精过程，但受精后的谷粒不能进一步发育，后期仍形成空粒。

2.2.2.2 低温对高粱的危害

低温对高粱的危害主要有两个方面：一是表现在杂交高粱的小花败育；二是表现在灌浆期低温影响正常成熟。

所谓小花败育是指花器官的雌蕊或雄蕊发育不正常，使雌蕊无受精的能力，雄蕊无花粉或花粉甚少，这种现象是制种田不育系经常遇到的问题。小花败育的关键时期是孕穗前 8～10 天，内部幼穗分化正处于雌雄蕊分化期，外部形态是打苞中、后期，这一时期称为小花败育的敏感期。在华北地区这一时期一般是 7 月下旬到 8 月初，此期一旦出现低温、阴雨等不良天气条件，即影响性器官的发育，造成小花败育现象。据河北的试验结果，在临界期内候平均气温低于或等于 19 ℃，最低气温低于或等于 12 ℃，即发生大量小花败育，尤其在降温前后温差大并有阴雨的情况下，更易出现败育现象。华南地区杂交高粱制种田不育系的小花败育温度指标稍偏高，在旗叶出现到展开这段时间若日平均气温低于 21 ℃、日最低气温低于 14 ℃，则严重影响花粉形成，产生败育。在这种情况下后期结实率低于 15%。

高粱灌浆成熟期要求天气晴朗，日照充足，日平均温度以 23～25 ℃为宜，若气温低于 20 ℃，则影响灌浆的正常进行，导致秕粒或千粒重降低。在华北地区杂交高粱一般是麦收后的后茬作物，灌浆成熟期常推迟到 9 月份，因此高粱灌浆期容易受低温危害。

2.2.2.3 低温对玉米的危害

低温对玉米的影响也分延迟型和障碍型两类，前者发生在营养生长期，后者发生在开花授粉期。由于玉米生殖器官的形成和发育过程对低温的反应远不如水稻和高粱敏感，因此人们关注最多的是玉米延迟型低温冷害。

低温对玉米生长速度的影响是十分明显的。分析玉米分期播种试验资料表明，东北地区低温对玉米生长发育速度影响很大，正常水分条件下，播种出苗期间气温降低 1 ℃，出苗期推迟 3～4 天左右，出苗速度降低 17%左右；玉米营养生长旺盛时期是从拔节到开花这一阶段，此期间温度高低显著影响生育速度的快慢。营养生长阶段温度偏低会延迟抽穗，使整个玉米生育期向后推迟。

低温对玉米开花授粉的影响也比较明显。在抽雄开花时期日平均气温要求为 24～25 ℃，低于 20 ℃的低温阴雨天气会妨碍花药的开裂，并影响雌雄蕊的发育，低温时间延长，则易发生空秆。

低温对玉米植株生物量的影响也是明显的。分期播种试验表明，不同播期玉米生长所处的热量条件差异使玉米地上部总干重和叶干重都有较大差别，主要生长发育阶段积温少 100 ℃·d，黄熟时每公顷总干重减少 500 kg 左右。

低温对玉米灌浆影响也比较大。在吐丝至完熟期间，相对积温减少 10%，相对百粒干重降低 13%左右。玉米在灌浆成熟期间，要求日平均气温为 20～24 ℃，低于 20 ℃玉米灌浆缓慢，低于 16 ℃，则影响淀粉酶的活性，使子粒不饱满。

低温对玉米生长发育的影响最终要体现在对产量的影响上。研究表明，在水分基本适宜的条件下，出苗至成熟期间积温减少 100 ℃·d，玉米单产降低 6.3%左右；抽雄至成熟期平均气温降低 1 ℃，每公顷产量减少 550 kg 左右。东北地区玉米抽雄至成熟期间气温在 22 ℃以上、干燥度在 0.75～0.90 之间玉米产量最高，低温和干燥都将使玉米单产明显下降。

2.2.2.4 低温对棉花的危害

低温对棉花生长发育和品质的影响是十分明显的。冷害对棉花品质的影响主要表现在铃重变轻、衣分降低、纤维强度减小、纤维变细和成熟系数变小，而对纤维长度则没有什么影响。其中低温使棉花纤维强度减小、纤维变细和成熟系数变小，说明纤维成熟不良、品质变坏，这就必然导致衣分降低、棉铃重量变轻而减产。

此外，北方地区的夏秋季低温对谷子的开花和灌浆，对大豆的开花和结荚以及甘薯的块根形成等都有一定的不良影响。

2.3 低温冷害指标

2.3.1 粮食作物冷害年的温度指标

发生低温冷害的年份，虽然水稻、高粱、玉米、大豆和谷子等粮豆作物受害程度不一，但是都会引起减产。根据这一现象，我们确定低温冷害年的指标是对粮豆作物的综合减产幅度而言的，既不分作物，也不分低温出现在哪个时段。农业气象科技工作者先后研究和采用过多种低温冷害年的气象指标，但是实际生产和气象服务中，更多应用的是积温和平均气温之和的指标。

由于粮豆丰歉受 5—9 月平均气温的制约，因此人们常以东北地区 5—9 月各月平均气温之和（T_{5-9}）表示作物生长季的温度条件，一般采用 T_{5-9} 的负距平（ΔT_{5-9}）来作为冷害年的温度指标。王书裕等（1995）在分析 ΔT_{5-9} 与各地减产率之间关系时发现，在冷害年，虽然 ΔT_{5-9} 的负距平相同，但它所引起的减产率却因各地 T_{5-9} 的高低而不同。一般是在 T_{5-9} 高的地方减产较轻，而 T_{5-9} 低的地方减产较重。也就是说，对应一定的减产率，T_{5-9} 高的地方冷害指标较高，而 T_{5-9} 低的地方冷害指标较低。所以，不能用统一的 ΔT_{5-9} 作为各地的冷害指标。根据各地 ΔT_{5-9} 与减产率的关系，并把冷害分为一般冷害（减产率 5.0%～14.9%）和严重冷害（减产率在 15.0% 以上）两级，得出各地冷害年指标，如表 2.1 所示。

表 2.1　东北地区不同热量条件下粮食作物的冷害年指标　　　单位：℃·d

$\overline{T}_{5-9}$		80.0	85.0	90.0	95.0	100.0	105.0
ΔT_{5-9}	一般冷害年	−1.1	−1.4	−1.7	−2.0	−2.2	−2.3
	严重冷害年	−1.7	−2.4	−3.1	−3.7	−4.1	−4.4

不少人还用生育期的总积温作为低温冷害年的指标。有人把作物生育期的总积温比历年平均值少 100 ℃·d 定义为一般低温冷害年，少 200 ℃·d 定义为严重低温冷害年。实际看来这个指标有些过高。也有人把某年大于 10 ℃ 的活动积温距平 −50～−100 ℃·d 作为一般低温冷害年，低于 −100 ℃·d

为严重低温冷害年。由于气候变化等原因，这个指标在目前来看又有些过低。马树庆等（2003）综合上述方案，根据近20年气候变化情况，认为这个活动积温距平在-70～-120 ℃·d为一般冷害年，在-120 ℃·d以下为严重冷害年。这种指标很好地反映了延迟型冷害的性质，并能准确表现积温与产量的关系。但在相同积温情况下，不同时期发生冷害对作物的影响显然是不同的，这种指标没有和作物生育期联系，是农业气候学意义上的冷害指标。

2.3.2 玉米延迟型冷害指标

≥10 ℃的活动积温是作物生长发育的总热量指标之一。玉米生长季内≥10 ℃积温比玉米所需的积温指标少70～120 ℃·d为一般冷害指标，少120 ℃·d以上为严重低温冷害指标。

用5—9月平均气温之和的距平值作为玉米延迟型冷害指标，其指标随着各地积温多少而变化的关系用下列方程表示。

玉米一般冷害指标：

$$\Delta T_{5-9} = -94.797 + 3.238 \overline{T}_{5-9} - 3.672 \times 10^{-2} \overline{T}_{5-9}^2 + 1.358 \times 10^{-4} \overline{T}_{5-9}^3$$

$$(2.1)$$

玉米严重冷害指标：

$$\Delta T_{5-9} = -80.4697 + 2.9631 \overline{T}_{5-9} - 3.5672 \times 10^{-2} \overline{T}_{5-9}^2 +$$
$$1.3671 \times 10^{-4} \overline{T}_{5-9}^3$$

$$(2.2)$$

式中 ΔT_{5-9} 为玉米延迟型冷害指标，即5—9月平均气温之和的距平值；$\overline{T}_{5-9}$ 为当地5—9月平均气温之和的多年平均值。

2.3.3 水稻延迟型冷害指标

水稻延迟型冷害发生与否主要取决于水稻生长季5—9月的温度条件。东北地区水稻延迟型冷害指标如表2.2。

表2.2 东北地区不同热量条件下的水稻延迟型冷害指标 单位：℃·d

$\overline{T}_{5-9}$		80.0	85.0	90.0	95.0	100.0	105.0
ΔT_{5-9}	一般冷害指标	-1.0	-1.1	-1.3	-1.7	-2.4	-2.8
	严重冷害指标	-2.0	-2.2	-2.6	-3.2	-3.8	-4.2

水稻冷害指标随着各地总热量条件变化的一般规律是：

水稻一般冷害指标：

$$\Delta T_{5-9} = -95.02 + 3.20 \overline{T}_{5-9} - 3.68 \times 10^{-2} \overline{T}_{5-9}^2 + 1.36 \times 10^{-4} \overline{T}_{5-9}^3$$

$$(2.3)$$

水稻严重冷害指标：

$$\Delta T_{5-9} = -80.91 + 2.86\,\overline{T}_{5-9} - 3.62 \times 10^{-2}\,\overline{T}_{5-9}^2 + 1.35 \times 10^{-4}\,\overline{T}_{5-9}^3$$

$$(2.4)$$

式中 ΔT_{5-9} 为 5—9 月平均气温之和的距平值；$\overline{T}_{5-9}$ 为 5—9 月平均气温之和的多年平均值。

2.3.4 水稻障碍型冷害指标

研究表明，水稻生殖生长对低温的反应有两个敏感期：一是穗分化期或称孕穗期，东北地区一般在 6 月下旬至 7 月中旬；二是抽穗开花期，东北地区一般处于 7 月下旬至 8 月上旬。这两个时期出现较强降温天气，会对生殖器官的形成、发育及结实造成严重影响，产生障碍型冷害，减产幅度在 10％以上，严重年份减产 50％以上。根据国内低温冷害的研究成果，确定水稻障碍型冷害指标如表 2.3。

表 2.3　水稻障碍型冷害指标

致灾因子	致灾时段	致灾指标	受害品种	适用地区
日平均气温 日最低气温	孕穗期	日平均气温连续 2 天以上低于 17 ℃	粳稻	北方地区
	抽穗开花期	日平均气温连续 2 天以上低于 19 ℃	粳稻	
	孕穗期	日平均气温低于 20 ℃ 或日最低气温≤17 ℃	籼粳稻	南方地区
	抽穗开花期	日平均气温连续 3 天以上低于 18~20 ℃	粳稻	
		日平均气温连续 3 天以上低于 20~22 ℃	籼稻	

南方地区水稻障碍型冷害的危害指标与北方地区有一定差异，而且粳稻、籼稻并不相同。对于粳稻型，花粉母细胞减数分裂期间出现日平均气温低于17 ℃ 的情况，或者遇到最低气温低于 20 ℃ 持续 2 天以上就受害。也有些试验结果认为日平均气温低于或等于 19 ℃、最低气温低于或等于 15 ℃ 即受害。抽穗开花期日平均气温连续 3 天以上低于 20 ℃ 则受害，日平均气温低于 20 ℃ 日数愈长危害则愈重。若伴有阴雨、大风或相对湿度过低则加重危害。南方一些高寒地区日平均气温连续 3 天以上低于 18 ℃ 才造成危害。籼稻比粳稻受害指标要提高 2 ℃ 左右，即在日平均气温 20~22 ℃ 时，水稻将发生障碍型冷害。

2.3.5 主要作物各发育期的低温冷害指标

不同作物的各个生育阶段要求的最适宜温度和能够耐受的临界低温有很大的差异，品种之间也不相同，所以对于不同作物、不同品种及作物的不同生育阶段，低温冷害的指标有较大差异。

（1）水稻。

幼苗期 稻种发芽的最低温度为 10 ℃以上，到 15 ℃发芽比较快；秧苗致死温度为 2～5 ℃，如果温度在 10 ℃以下，连阴雨 4～5 天或短时内急剧降温，可能发生烂秧。

返青、分蘖期 水稻秧苗在 16 ℃以下生长发育速度显著延缓，保温旱育苗秧苗返青的临界低温是 13.5 ℃，保温旱育水管苗为 14.5 ℃，水育秧苗是 15.5 ℃，带土小苗是 12 ℃。进入分蘖期后，气温低于 17 ℃，秧苗生长就受抑制，秧苗生长的临界低温为 15～16 ℃，低到 10 ℃叶原基分化及叶片生长停止。发生分蘖的临界低温为 12～13 ℃，在分蘖期前后 10 天左右，最易受低温影响，受低温影响后分蘖盛期推迟，有效分蘖减少。

孕穗期 此期遇低温有以下情况：第一，降低幼穗发育速度，幼穗发育的临界温度为 15～18 ℃，在 15 ℃以下就会妨碍幼穗分化，温度降到 10 ℃幼穗发育基本停止。第二，枝梗分化期遇 16 ℃以下的低温，会使枝梗数减少，特别是二次枝梗数减少；在花器分化期，15～16 ℃的低温会使颖花数减少。第三，低温引起雄性不育，其临界低温，耐冷性强的品种为 15～17 ℃，耐冷性弱的品种为 17～19 ℃。第四，低温引起抽穗延迟，在 20～25 ℃之间温度每降低 1 ℃就会延迟抽穗 1 天左右。

抽穗开花期 水稻在低于 15 ℃的气温下不能正常开花，受精的临界温度为 16～17 ℃，一般在 20 ℃以上才能完全正常开花受精。不过，有些耐冷性强的品种，在 12 ℃的低温下仍能开花，一部分还能结实，说明品种间差异很大。

灌浆成熟期 一般认为水稻灌浆成熟期冷害属于延迟型冷害。此期温度适宜时（21～22 ℃），水稻子粒饱满，成熟得快。若灌浆期气温下降到 17～18 ℃或其以下时，灌浆速度减慢。如秋霜来得早，降温强度大，则会使空秕粒增多，千粒重下降。

长江流域及其以南地区水稻冷害的类型比较多，既有春季和春末夏初的冷害，又有秋季的冷害。春末夏初的冷害主要危害双季早稻幼穗分化过程中的花粉母细胞减数分裂，造成空壳而减产，具体指标为日平均气温小于或等于 20 ℃或最低气温小于或等于 17 ℃持续 3 天以上。秋季冷害（亦称"寒露风"或"翘穗头"）主要危害双季晚稻花粉母细胞减数分裂和抽穗开花，造成空壳和减产。双季晚稻对低温的反应，以小孢子形成期和花粉母细胞减数分裂期最为敏感，并以抽穗开花期受害机会最多。所以，讨论秋季冷害指标主要指抽穗开花期的低温危害。综合各地研究认为：粳稻品种齐穗期前 2 天至后 5 天的平均气温低于 20 ℃，日最高气温低于 25 ℃时产生危害；籼稻和杂交稻品种齐穗期前 2 天至后 5 天的平均气温低于 22 ℃，日最高气温低于26 ℃时开始受害，空壳率明显升高。关于小孢子形成期和花粉母细胞减数分裂期的低温危害指标，各地研究结论不一。有的认为日平均气温低于或等于 19 ℃，最低气温低于或等于 15 ℃，并持续 2 天以上，耐寒品种开始轻度受害，一般品种严重受害。

（2）玉米。玉米种子发芽的下限温度为 6～7 ℃，但生长极为缓慢且易感染病害而发生种子霉烂现象。一般以日平均气温 7 ℃作为玉米播种的温度指标。研究表明，播种至出苗期间气温降低 1 ℃，出苗期推迟 3～4 天左右；出苗至抽雄期间平均气温每降低 1 ℃，发育期推迟 6 天左右；玉米抽雄至成熟期间气温降低 1 ℃，生育期推迟 4 天左右。玉米营养生长旺盛时期是从拔节到开花这一阶段，此期间温度高低显著影响生育速度的快慢。营养生长阶段温度偏低，则延迟抽穗，使整个玉米生育期向后推迟。例如在天津地区，这一阶段日平均气温为 20 ℃时，间隔日数为 71 天；日平均气温为 23 ℃时，间隔日数缩短到 59 天。玉米灌浆期仍需较高温度，当温度降至 20 ℃时灌浆缓慢，18 ℃时显著减慢，16 ℃以下时则影响淀粉酶的活动而不利于物质的传输和累积，灌浆速度急剧下降，因此一般把 16 ℃作为玉米子粒灌浆的临界下限温度指标。

（3）高粱。高粱种子发芽的下限温度为 6～7 ℃，有些杂交种要求温度较高，为 8～9 ℃，但此温度下发芽缓慢，一般以气温 10～12 ℃作为播种温度指标。

高粱在幼穗分化前期，稍低的温度能够延长枝梗和小穗小花的分化时间，增加枝梗、小穗和小花的数量，有利于形成大穗。但低温引起幼穗分化延迟，特别是减数分裂期对温度很敏感，低温条件下雄、雌性细胞不能正常发育，不孕率增高。抽穗开花期遇低温则花期延长，温度在 16 ℃以下容易发生颖壳不张开、花药不裂、花粉减少等现象，造成受精不良，结实率降低。高粱多在夜间开花，低于 14 ℃不开花。灌浆期生理活动旺盛，要求较高温度，气温低于 20 ℃灌浆较慢，低于 16 ℃灌浆很缓慢或停止。

（4）大豆。大豆种子在日平均气温为 6～7 ℃时即可发芽，但很缓慢，一般以 5～10 cm 地温 8～10 ℃作为播种的温度指标。大豆出苗后，因品种和光照时间的不同，在出现 3～7 个复叶时，开始花芽分化，从花芽分化到开花，一般需 25～30 天。因此，开花前一个月左右，温度对花芽分化有重要影响，低温引起花数减少，开花期延迟，并且增加蕾、花和荚的脱落率。

（5）棉花。棉花苗蕾期遇到低温将延缓幼苗生长，推迟现蕾；铃絮时期遇到低温，将影响棉花纤维生长，使棉铃不能正常成熟吐絮而减产。低温对棉花生长发育的影响在北方棉区主要发生在棉花吐絮前后。棉花吐絮期要求日照充足，日平均气温以 20～25 ℃为宜，温度高有利于碳水化合物的合成并转化为纤维。气温在 20 ℃以下裂铃的速度减慢，气温在 15 ℃以下将阻碍纤维的伸长和增厚，使棉花的品质降低、产量下降。

2.4 低温冷害的生理机制

2.4.1 低温抑制作物的生理过程

（1）低温降低光合作用，增强呼吸强度。作物的光合作用需要叶绿素、光能、CO_2、温度、水分、养分等物质条件和环境条件。就目前农业生产水平来说，光能和 CO_2 浓度都不是产量的限制因素，水分、养分条件也可以人为调节。但是，人们目前还不可能大范围地调节空气温度，因而温度则成为影响作物产量的关键限制因子。低温对光合作用的影响，不同品种间虽有差异，但一般多以气温 20～30 ℃之间光合作用最强，在低温条件下的光合作用强度减弱。我国南方稻作区，在早春育秧时，往往出现低温寡照的阴雨天气，秧苗光合作用强度降低，呼吸强度相应增强，消耗大量有机养分，使秧苗干物质的重量减轻。

在大型人工气候室内进行的低温对玉米影响的机理研究结果表明：低温使玉米幼苗脯氨酸含量增加，温度越低，低温延续时间越长，脯氨酸含量增加越明显；低温使幼苗电导率增大，电导率增大与低温强度及低温持续时间成正比；短时间的低温使幼苗可溶性蛋白质含量略有增加，但随着低温持续时间的延长，可溶性蛋白质含量又有所下降；低温破坏了膜系统，使叶绿素浓度下降，最终导致光合作用下降。6 ℃左右的低温条件下，玉米光合速率为负值；10 ℃低温条件下，短时间内光合速率明显降低，随着低温持续时间的延长，光合速率转为负值，即能量消耗大于能量积累。

研究表明，6 ℃低温处理 1 天，玉米幼芽氨基酸渗漏量比对照增加 1.2 倍。氨基酸渗漏是原生质膜透性变化的结果，表明原生质膜是低温伤害最敏感的部位。

（2）低温影响作物矿物质和养分的吸收和运转。矿物质元素主要存在于土壤中，根部吸收矿物质后，有一部分矿物质留存在根内，参与根部的生理代谢，但大部分矿物质运输到地上的其他部分去。低温不仅影响作物根系对矿物质营养的吸收，而且阻碍光合产物和营养元素向生长器官运输，运转速度降低，使生长器官因养分不足和呼吸减弱而变得脆弱、退化或死亡。如果在灌浆成熟阶段遇低温，不仅降低作物光合生产率，并阻止光合产物向穗部输送。低温条件下，根部代谢弱，代谢性吸收也差。

由于在低温条件下光合作用很弱甚至停止，所以根压下降，根对矿物质元素（特别是磷）的吸收能力下降。低温对矿物质吸收的影响因生育期而异，插秧初期影响最大，随生育期的推移而逐渐减轻。

总之，低温对植株体内各生理过程的影响是相互联系的。农业产量的高低取决于光合作用、呼吸作用和养分平衡三个过程相互作用的综合结果，低温直接阻碍光合产物和营养元素向生长器官运输，造成分配失调而减产。

2.4.2　低温影响作物营养生长

低温对作物营养生长的影响，主要是根、茎、叶等营养器官的代谢过程受到抑制，代谢产物如游离氨基酸和酰胺，因蛋白质合成受阻而积累起来；同时呼吸循环的能量过程和磷的代谢被破坏，促进了有毒物质的积累，使作物的生长发育迟缓、停顿甚至死亡。例如，我国南方地区，早稻在本田往往受早春冷空气活动的影响，在 5 月上、中旬出现低温阴雨天气时，早稻发棵分蘖慢。因此，在南方稻区的早稻生产中，为了克服低温影响，采用农业措施提高水温促分蘖，避免出现僵苗、死苗和分蘖少的现象。

试验研究证明，东北地区玉米播种出苗期气温降低 1 ℃，出苗期推迟 3 天左右，出苗速度降低 17% 左右；出苗至抽雄期气温每降低 1 ℃，发育期推迟 6 天左右，生育速度降低 18%；玉米抽雄至成熟期气温降低 1 ℃，生育期推迟 4 天左右。

低温对旱田作物营养生长阶段的影响，还可从高粱分期播种试验中看出。随着温度的降低，高粱株高的生长量减少，出叶速度缓慢，日平均气温降低 1 ℃，株高的生长量平均减少 0.5 cm，出叶速度平均延长 0.27 天。

总的说来，低温对作物营养生长的影响，主要是抑制根、茎、叶和分蘖的生长发育速度，造成延迟型冷害。

2.4.3　低温影响作物生殖生长

低温对作物生殖生长的影响，主要是使花器官受到损害，颖壳不能正常张开，花药不开裂，妨碍授粉、受精和子房体的膨大，导致空、秕粒增多。

作物生殖生长主要指从幼穗分化到抽穗、开花、授粉、受精阶段。幼穗分化期受低温影响主要是引起抽穗期的延迟，对花器官没有直接的破坏作用；减数分裂期和小孢子初期及抽穗开花期低温主要是使花药不能正常开裂，雄蕊受害引起不育。在低温条件下，毡绒层细胞会发生异常，生理功能削弱甚至出现紊乱，使输导供应花粉营养的作用减退，花粉没有足够的营养，发育延迟或受阻，以至于在开花期花粉粒尚未正常成熟，散不出花粉或花粉发芽率明显下降，不能完成授粉、受精过程，出现穗粒畸形变态等现象。据研究，低温对已完成受精、子房体已伸长的颖花影响较小。所以，抽穗开花期低温的影响，主要是对未开颖花及开花后子房体尚未伸长的颖花有破坏作用，对子房体已伸长的颖花基本无影响。

2.5　低温冷害的致灾因素

从灾害学角度来讲，无论哪一种低温冷害，都与孕灾环境、致灾气象条件、承灾体状况及防、减灾能力有关。下面就以东北地区为例，对这些问题分别进行分析和阐述。

2.5.1　孕灾环境——地理因素

孕灾环境是指形成低温冷害所固有的场所或环境条件，是不依人的意志为转移的先天因素。正如有的地方地震频繁，有的地方经常发生干旱一样，低温冷害也有较明显的地域特征，有的地方频繁而严重，有的地方则很少发生。东北地区位于我国中高纬度地区，年平均气温不高，积温不足，作物生长季天气气候受极地冷气团、西南气旋、冷涡、副热带高压、东亚季风等很不稳定的大尺度系统控制，因而东北地区作物生长季温度时空变化不稳定。就多年平均而言，黑龙江省北部和吉林省东部长白山区≥10 ℃积温在2 300 ℃·d以下，辽南、辽西、辽中可达3 300～3 500 ℃·d，其他地区为2 300～3 300 ℃·d。就某一地区而言，积温或平均气温年际变幅可达20%左右，低温年出现较频繁。

有关研究表明，夏季低温年的天气气候特点是：①极地冷气团强大，在100 hPa高度合成图上，极涡明显偏向东半球的太平洋一侧，发展极盛，东北地区处于较强的鄂霍次克海长波槽后部，南亚副热带高压异常偏弱，这种形势十分利于来自极地的低层冷空气向南扩散，造成东北地区低温。②夏季副热带高压强度弱，位置偏东、偏南，形成东北低温。在西太平洋副热带高压长周期振动的极弱阶段，易出现东北地区低温，反之出现高温阶段。③在500 hPa距平图上，新地岛到乌拉尔山附近和阿拉斯加附近为大片正距平区，我国为大片负距平区，中心位于东北，常导致东北低温，反之则为高温区。低温年东北地区有较强的长波槽停留或经过，高温年则多为超长波脊停留或经过。影响东北夏季冷暖的主要天气系统是极涡和副热带高压，它们之间强度、位置的相互作用和相互配置关系，对东北夏季温度起到支配或决定作用，而西风带长波、超长波的环流型与这两个系统有密切关系，起到配合作用。在东北冷夏期间，极涡偏向东亚，东北上空为深槽，西风急流在35°N附近，副热带高压主体偏南，且面积小、强度弱。在这种情况下，冷空气势力强大，控制东北上空，形成低温天气。

东北地区6月份高空常出现冷的涡旋，冷涡中心常位于吉林省境内。冷涡控制东北上空一般可达数天，一个移出后，有时又产生第二个涡旋，不断地把西北冷空气带到东北地区，产生地面低温、连阴雨天气，这是具有东北地区特色的冷害孕灾环境之一。此外，东北产粮区主要位于松辽平原区，该区位于东北区西北部大兴安岭和东部长白山脉之间，这种地理特征也有利于冷空气进入和停留，有利于产生持续性低温。

有的年份，7月中下旬到8月上旬，正是水稻抽穗前后，因极涡及副热带高压的相互作用或因鄂霍次克海冷空气进入，加上长白山地形作用，常发生短期（一天或几天）的强降温天气，导致东北区的东部发生障碍型冷害。

这种地域性极强的天气系统和地理环境，加之东北地区主要产粮区较集中，使东北地区低温冷害成为国内外较有代表性的灾种。

2.5.2 致灾关键因子——天气气候异常

不难看出，低温冷害的致灾因子主要是低温，是由于温度年际变化不稳定，以及因长期预报能力限制，使农业生产难以适应气候的年际变化而形成的。研究表明，东北地区作物生长季≥10 ℃活动积温距平在−70～−120 ℃·d左右或5—9月平均气温之和低于常年2～3 ℃，会导致粮豆作物减产5％～15％，发生一般性冷害；若积温距平在−120 ℃·d以下或气温之和的距平达到−3～−4 ℃，则会产生严重低温冷害，减产15％以上，水稻等低温敏感作物会减产30％以上。水稻抽穗前后20天内有连续2天以上平均气温低于19和17 ℃，则会分别产生一般或严重障碍型冷害，减产20％以上。

2.5.2.1 致灾因子的地域变化

热量条件的地域差异导致冷害的发生具有区域性。一般而言，生长季多年平均气温越低，冷害越频繁、越严重。东北地区≥10 ℃积温，辽宁省大部在3 200～3 500 ℃·d之间，吉林省中、西部和黑龙江省西南部多在2 800～3 100 ℃·d之间，黑龙江省中部及吉林半山区多数县（市）为2 400～

2 700 ℃·d,黑龙江省东部及吉林省东部长白山中山地带在 2 400 ℃·d 以下,多数县（市）为 2 000～2 300 ℃·d。

东北地区 5—9 月平均气温之和,辽宁省大部在 100 ℃以上,吉林省中、西部及黑龙江省西南部为 90～100 ℃,黑龙江省北部及吉林省东部山区为 60～80 ℃左右,黑龙江省其他地区在 80～90 ℃之间。整个东北地区最热的地方和最冷的农业生产区域,积温极差达到 1 500 ℃·d,5—9 月气温之和相差 40 ℃左右。

2.5.2.2　致灾因子的时间变化

致灾因子的时间变化是产生低温冷害的直接原因。如前所述,东北各地作物生长季积温年变化较大,即较不稳定,以沈阳、长春、哈尔滨三大站为例,其稳定≥10 ℃积温及其初、终日的基本情况如表 2.4。积温极差可达到 700～800 ℃·d,稳定≥10 ℃初日和终日极差达到 30 多天。积温严重不足的东北北部及东部山区,积温更不稳定。如按平均条件选择作物品种,将有近 50% 的年份积温不足,将有 20%～30% 的年份因低温导致明显减产,发生冷害。

表 2.4　东北地区代表城市作物生长季积温概况

	≥10 ℃积温（℃·d）			≥10 ℃初日（日/月）			≥10 ℃终日（日/月）		
	多年平均	最多	最少	多年平均	最早	最晚	多年平均	最早	最晚
哈尔滨	2 779	3 132	2 343	5/5	17/4	22/5	28/9	10/9	10/10
长　春	2 909	3 368	2 472	2/5	15/4	21/5	1/10	18/9	13/10
沈　阳	3 432	3 802	2 924	21/4	7/4	17/5	9/10	23/9	25/10

5—9 月平均气温之和也一样,沈阳、长春、哈尔滨三地平均值分别为 92.7,94.8 和 103.9 ℃;最高值分别为 98.9,102.3 和 110.0 ℃;最低值分别为 86.1,88.5 和 98.0 ℃,极差达 12 ℃左右。变异系数可反映一地热量要素值的稳定与否,用 1961—2000 年资料计算东北地区各地 5—9 月平均气温之和的变异系数,结果表明,热量不足的地方变异系数大,冷害的风险也较大。图 2.1 是 1982—2007 年长春市 5—9 月平均气温之和距平值的逐年变化情况,分析后发现有以下几个主要特征:

（1）不稳定性。近 100 多年来,长春 5—9 月平均气温之和的平均值为 94.5 ℃,新中国成立以来的平均值为 94.8 ℃,高温年正距平和低温年负距平分别达 +8 和 -5 ℃左右,距平值在 ±2 ℃以外的年份占 50% 以上。

（2）周期性和群发性。5—9 月平均气温之和有较长的周期变化,1882—1920 年为低温阶段,1921—1953 年为高温阶段,1954—1976 年为低温阶段,1977 年至今为高温阶段。高、低温阶段一般分别各持续 23 年左右,但最近一个暖期已持续 25 年。对哈尔滨、长春、沈阳三大站 5—9 月平均气温和进行

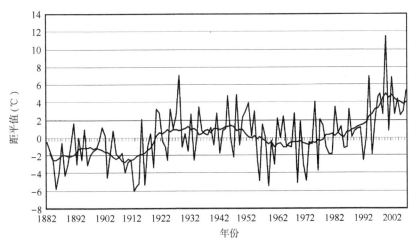

图 2.1 长春市 5—9 月平均气温之和距平值的逐年变化

周期分析，发现其除了具有 20～24 年准周期外，还存在 35～40 年长周期和 13～16 年中短周期。用小波分析方法进行周期分析，发现长春 5—9 月气温有 60 年的超长周期，即分别持续 30 年的冷暖交替，在这一超长周期内又含有 15 年的中周期和 3～4 年的短周期。较长的周期变化说明冷害发生有群发性，新中国成立以来的几次严重冷害年，如 1957，1969，1972 和 1976 年等，都是处于 1954—1976 年的冷期内，这期间冷害频繁且严重，而在暖期内则很少发生大范围的严重冷害。3～4 年的短周期表明，每 3～4 年可能发生一次低温冷害。有的研究认为东北地区每 2～3 年会有一次一般性冷害。

用同样方法分析≥10 ℃积温的周期变化，发现除了同 5—9 月平均气温之和一样具有明显的 15 年周期外，还存在 8～9 年周期。

（3）气候变暖趋势。在气候变暖的大背景下，东北地区作物生长季也有变暖的趋势。统计分析表明，目前哈尔滨、长春、沈阳的积温分别较解放初期增加了 40～120 ℃·d 左右，初日提前了 3～7 天，终日推迟了 2 天左右，5—9 月气温也稍有上升。

2.5.2.3 障碍型冷害致灾因子

东北地区水稻障碍型冷害较频繁且严重，其致灾因子是 7 月中、下旬和 8 月初水稻抽穗开花前后的短期强降温天气。一般分为孕穗期（抽穗前期）冷害和开花期冷害，前者连续 2 天日平均气温≤17 ℃就发生冷害，后者连续 2 天低于 19 ℃即发生冷害。由于极地冷气团和南方副热带高压及鄂霍次克海高压经常在强度、位置等方面搭配失常，因而东北地区常在 7—8 月高温季节内出现几天的强低温阴雨天气。新中国成立以来资料表明，7 月中旬到 8 月上旬短期低温出现频率为 50% 左右，其中达到冷害指标的达 30%～40%，东北地区的北部、东部低温天气频率高于南部和西南部。

2.5.3 承灾体——人为生产因素

承灾体是指受害对象,就东北地区粮食生产而言,低温冷害的承灾体为玉米、水稻、大豆、高粱、谷子、小麦等。农业生产的控制者是人,一个地方种什么作物,选什么品种由人决定,因而作物冷害的发生情况与承灾体的选择有一定关系。也就是说,低温冷害的发生,除了天气气候原因外,还有人为的主观因素。从某种角度来说,这也是致灾因子之一。热量丰富的地方种喜温作物、晚熟品种,热量贫乏的地方种耐冷凉作物、早熟品种,则冷害较少发生,反之则冷害严重而频繁。然而,这种耐冷凉作物及早熟品种,虽然不易发生冷害,但常年产量较喜温作物、晚熟品种低得多,因而在稳产与高产上存在矛盾,需要科学决策。作物抗低温能力强弱,直接关系到灾害损失程度。就上述几种作物而言,小麦、大豆最耐低温,玉米、谷子次之,高粱、水稻喜温怕冷,水稻最易受低温影响。作物受低温影响,生长发育延迟,导致秋霜前不能正常成熟,或在生殖生长关键期内受强低温危害,开花、授粉等活动受阻而导致减产。东北地区这几种作物,小麦基本无冷害,一熟制条件下小麦可种到东北地区的最北部。大豆、玉米、谷子以延迟型冷害为主,而水稻在生殖生长期对低温反应最为敏感,常发生障碍型冷害,也较易发生延迟型冷害。高粱除延迟型冷害外,还存在障碍型冷害风险。任何作物,晚熟品种抗低温能力均较早熟品种弱,易发生冷害。这说明,低温冷害损失不仅与孕灾环境、致灾因子有关,还与承灾体有关。承灾体不是单一的,各地品种熟型、农业产量水平、土壤条件差别都较大,人们生活需求和区域农业经济结构的多元化决定了东北农业不可能是纯专业化生产,因而就要求对承灾体播种面积及品种搭配进行系统规划,以达到既防灾减灾,又满足人们生活和农业经济发展要求的目的。

东北地区农业结构是从传统农业中发展、转化而形成的,全区粮食产量6 500万 t 左右,其中播种面积从大到小依次为玉米、水稻、大豆、小麦、高粱和谷子,其中玉米、水稻、大豆占80%以上。区域分布为:南部、中部以玉米、水稻、高粱为主;东部以大豆、水稻、玉米为主;北部以大豆、小麦为主。在品种方面,南、西南部为晚熟,中部、西部为中晚熟,东部山区、北部为中早熟、早熟或极早熟。这种结构基本适应了热量条件的地域变化。但近些年,越区种植现象很普遍,越区种植的结果是在高温年内侥幸增产增收,而一旦遇低温或平温年,则会形成严重低温冷害,造成严重损失。因而各地都应根据气候、尤其是热量条件的地域变化、周期变化及年际变化,及时调整种植结构及品种布局,以减轻冷害造成的损失。

在农业生产活动中，不能适应或者违反气候规律，以及采用的农业技术措施不当，也是冷害发生和加重的原因。

一是作物布局不合理，在热量条件没有充分保证的地区扩种晚熟高产作物。例如，黑龙江省的北部地区，生育期较短，热量资源不足，属小麦和大豆主栽区，但在20世纪60年代末到70年代初的前半期，为追求高产而扩种玉米，虽在少数高温年玉米比小麦和大豆产量高，但即使是平温年亦不能保证成熟，低温年则大幅度减产，冷害危险大、频率高。

二是品种布局不合理，即晚熟高产品种的种植比例不断扩大，品种对热量条件的要求超过本地气候资源的保证能力。一般来说，在正常生育的情况下，生育期长的晚熟品种要比生育期短的品种产量高，所以在高温年或热量条件好的地区扩种晚熟品种能够增产，但是遇到低温年或在热量条件不足的地方，会出现晚熟品种不能正常成熟的情况，从而发生冷害，不仅大幅度减产，而且粮食含水率高、品质下降。

三是种植制度不合理，复种指数过高。20世纪70年代末到80年代初，关于长江中下游地区"双三制"（连作双季稻加一季冬作物）的争论，就是讨论复种指数多大才合理的问题。该地区的稻作期一般在3月下旬到10月，生育日数为220天左右，早稻育秧期间因春季寒潮的影响而引起烂秧，插秧后气温较低的年份，会造成僵苗现象，延迟早稻生育，因而收获期推迟。于是，晚稻势必要推迟插秧，常因积温不足而影响正常发育，造成连作晚稻"翘穗"、成熟不良而严重减产。

应该强调的是，尽管气候变暖使20世纪80年代以来北方地区作物低温冷害的程度和频率都有所下降，但低温冷害仍然是主要农业气象灾害之一，如1985，1986，1995和1998年我国东北地区发生了低温冷害，造成一定损失。受鄂霍次克海冷空气频繁活动的影响，我国东北地区水稻障碍型冷害有加重和多发的趋势，1993—2005年间，东北地区的东部相继发生了几次严重的水稻障碍型冷害，平均每次减产40%左右，有的县（市）几乎绝收。还应指出，近些年尽管气候变暖使作物有效生育期有所延长，但人们为了适应气候变暖，充分利用气候资源，在作物结构和品种布局上做了较大的调整，如东北地区的黑龙江省北部大豆和小麦面积逐年减少，玉米面积不断扩大，仍然使气候条件和作物需求条件处于一种紧平衡状态，而且气候变暖引起气候异常事件增多，作物生长季节温度波动幅度有增大的趋势，因而今后作物低温冷害和霜冻害仍然会发生。而且，随着我国各地种植制度的改革、复种指数的增加和晚熟高产品种的推广应用，农业生产对热量资源的要求更加严格，如遇到低温年，冷害范围将更广，经济损失将比以往更加严重。

可以肯定的是，在气候变暖的过程中，仍然会出现偏冷的阶段和低温的年份，温度的变化幅度会加大，异常气候事件会增加，因此，低温冷害在今后相当长的时期内，仍然是北方地区主要农业气象灾害之一；人们在应对气候变化，特别是应对气候变暖的时候，仍然要考虑到低温冷害的防御问题，在调整种植业结构和品种布局时，应根据当地近20年左右的平均气候条件行事，不可操之过急，否则会带来严重的不良后果。

2.5.4　抗灾能力

作物低温冷害俗称"哑巴灾"，即难以监测和预报，而且发生范围大，因而防御较困难。尽管如此，人们在长期的生产实践中仍总结出了一些防御办法，科研人员也研究出了不少相关成果，多数已在生产中应用。例如，开展作物生长季热量条件长期预测，按热量条件的地域分布规律及作物、品种对热量的要求安排农作物布局、结构配置及品种区划；适时早播抢积温；应用作物抗低温助长剂；地膜覆盖及育苗移栽；加强农田管理、多铲、勤趟；高矮作物搭配、改善群体透光、通风条件，以促生长、促早熟等。对于水稻障碍型冷害的防御，降温天气来临前后，还可进行水温调控及施肥调控等，必要时可采取喷雾、烟雾等应急措施。此外，国内外还应用防风林网防御冷害。这些措施在北方各地都有不同程度的应用，在冷害防御中发挥了较大作用，近些年冷害较轻，除与气候变暖有关外，也与抗灾能力增强有关。

由于导致作物低温冷害的因素比较多，而且是自然和人为因素共同作用的结果（冷害形成的逻辑图如图 2.2），因此综合评价各地防御冷害的能力、效益及差别是困难的，这与农业结构的复杂性及冷害防御技术的多样性、综合性有关。随着人们对作物冷害认识的提高及冷害防御体系及专门技术研究的深入，各地作物低温冷害的防御能力都会有较大提高。

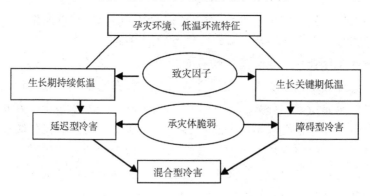

图 2.2　作物低温冷害形成概念图

第3章　低温冷害的监测、评估和防御

3.1　低温冷害的监测和评估

作物低温冷害的监测是指通过对致灾因子变化和作物生长发育及产量形成状况的监测和分析，判断是否发生了低温冷害。作物低温冷害的评估是指在低温冷害监测的同时，通过一些评估指标和评估模型，推断低温冷害可能造成的经济损失。目前，作物低温冷害的监测和评估常用的技术方法是指标判别法和动态模式方法。也有人试图开发卫星遥感监测方法，即用卫星遥感资料反演地表和植物温度。但由于影响地表或近地层温度的因素很多，用遥感资料估算的温度误差比较大，且很难获得逐日的温度，因此目前还不能实际应用。下面以东北地区玉米和水稻为例，介绍作物低温冷害的监测和评估方法。

3.1.1　玉米低温冷害的监测和评估

3.1.1.1　玉米延迟型冷害的监测

玉米延迟型冷害的监测一般通过对玉米生长发育进程的计算和低温冷害监测指标的综合分析来实现。从出苗开始，玉米的发育进程可用相对活动积温来表示：

$$DVS = \sum_{i=1}^{n} T_i \Big/ \sum T_0 \qquad \text{当 } T_i < 10 \text{ 时，令 } T_i = 10 \qquad (3.1)$$

式中 DVS 为相对活动积温，也可以表示发育期；T_i 为从出苗开始到第 i 天的日平均气温；$\sum T_0$ 为从出苗开始的 $\geqslant 10\ ℃$ 活动积温。

根据积温原理，玉米完成某一发育期的时间是由积温多少决定的，在其他条件基本正常的情况下，完成某一发育期所需的积温为一常数。根据试验资料和农业气象分析，并考虑到近 10 年来积温增加、品种熟型偏晚的实际情况，得到玉米不同品种各生长发育期正常的出现时间和所需≥10 ℃活动积温等指标。由于玉米出苗速度不仅仅取决于温度，还取决于降水或土壤水分，因此玉米低温冷害监测一般从出苗开始。根据近 20 多年来各地玉米生长发育观测资料，去掉明显低温冷害年份，经过统计分析，得到东北地区玉米不同品种区域正常气候条件下各生长发育期普遍出现时间和出苗到各主要发育期所需积温指标如表 3.1 所示。

表 3.1　东北地区玉米生长发育期（普遍期）及出苗以来≥10 ℃活动积温

品种区域		出苗	七叶	抽雄	乳熟	成熟	天数（d）
早熟品种区	日期（日/月）	23/5	5/6	24/7	9/8	4/9	111
	活动积温（℃·d）	0	394	1 167	1 704	2 112	
中熟品种区	日期（日/月）	20/5	2/6	23/7	9/8	7/9	121
	活动积温（℃·d）	0	399	1 300	1 921	2 423	
中晚熟品种区	日期（日/月）	17/5	9/6	23/7	19/8	9/9	126
	活动积温（℃·d）	0	427	1 384	2 007	2 533	
晚熟品种区	日期（日/月）	5/5	8/6	21/7	21/8	23/9	132
	活动积温（℃·d）	0	468	1 491	2 160	2 715	

有关研究表明，东北地区玉米全生育期内活动积温比所需指标少 60 ℃·d 左右时发生一般低温冷害，少 80 ℃·d 左右或者少 60 ℃·d 且秋霜偏早，则发生严重低温冷害。这是在玉米成熟后进行产量分析得到的指标，如果在生长期内判断是否发生冷害，则其积温指标会有所变化，且应考虑到生育期滞后天数，到后期还应考虑秋霜早晚。根据多年服务经验及历史上冷害年内各时期活动积温与玉米生育期和减产情况的统计分析，得到玉米主产区玉米冷害动态监测的双重指标，即积温距平指标和发育期延迟指标，其中东北地区玉米冷害动态监测指标如表 3.2。考虑到前后气温高低对生长进度的影响具有补偿作用，因此采用从出苗到某一时期的积温指标。其中的灾害发生风险程度是表示后期气象条件及玉米长势基本正常情况下，由前期积温距平和作物生育滞后状态决定的冷害可能发生的程度，是由东北地区几个代表站历史上前期低温与冷害发生与否的统计分析得到的，其中成熟前后评估时还考虑到秋霜冻发生早晚等因素。假设前期低温达到冷害指标，那么根据通常的冷暖年型标准，后期出现低温、高温的气候条件的概率分别为 30% 左右，出现正常气候条件的概率为 40% 左右，且只有出现高温条件才能抵消前期冷害的影响，因此前期发生冷害后导致全生育期发生冷害的概率约在 70% 以上是可以理解的。越接近成熟，后期高温能够补偿前期低温的可能性越小，

冷害预报和评估越准确。

表 3.2　东北地区玉米低温冷害监测指标及风险程度判别

指标类型	发育期	一般冷害 $\Delta\sum T$ （℃·d）	大致风险度 （%）	严重冷害 $\Delta\sum T$ （℃·d）	大致风险度 （%）
积温距平指标	出苗—七叶	$-40\sim-50$	60	<-50	65
	出苗—抽雄	$-46\sim-60$	75	<-60	75
	出苗—吐丝	$-50\sim-60$	80	<-60	78
	出苗—成熟	$-60\sim-70$	97	<-70	95
生育期延迟 天数指标		ΔD （d）		ΔD （d）	
	七叶普遍期	$3\sim5$	65	>5	60
	抽雄普遍期	$5\sim6$	72	>6	70
	吐丝普遍期	$5\sim6$	72	>7	80
	成熟普遍期	$6\sim7$	95	>8	93

在实际工作中，可以适当考虑后期气象条件的短期气候预测，以前期积温距平为主，兼顾其他观测和预测因素。一般是既考虑积温短缺指标，又考虑生育期延迟天数指标，因为除了温度决定生长发育以外，还有水分和生产管理水平等其他因素。用公式计算各主要发育期出现的时间，在七叶、抽雄和成熟三个主要发育期到来前后，监测积温距平及玉米发育滞后情况，则可监测玉米是否发生低温冷害、冷害严重程度和玉米低温冷害可能发生的概率。

3.1.1.2　玉米低温冷害的评估

上述玉米低温冷害监测指标和生育期计算模型，也可以用于低温冷害损失的评估，因为它也可以监测和判断玉米低温冷害发生的程度，即一般冷害或严重冷害，从而可以预估减产程度，一般冷害减产 $5\%\sim15\%$，严重冷害减产 15% 以上。但是，这仅是评估方法之一，而且定量性差一些。下面介绍用作物干物质积累子模型来进行玉米低温冷害减产程度评估的方法。

（1）玉米干物质积累模型简介。

1）叶片光合作用表达式如下：

$$P = \frac{\alpha I(\tau)P_{\max}}{\alpha I(\tau) + P_{\max}} \tag{3.2}$$

式中 P 为光合速率；α 为光初始利用效率；$P_{\max}$ 为最大光合速率。

2）作物群体日总光合量 P_t 为

$$P_t = \int_0^H \int_0^{LAI} \frac{\alpha I(\tau)P_{\max} \cdot f_1(T) \cdot f_2(SLA)}{\alpha I(\tau) + P_{\max} \cdot f_1(T) \cdot f_2(SLA)} \mathrm{d}f\mathrm{d}\tau \tag{3.3}$$

式中 H 表示日可照时数（h）；$f_1(T)$ 为 $P_{\max}$ 的温度影响订正函数：

$$f_1(T) = -5.09 + 0.77T - 0.013T^2 \qquad (3.4)$$

式中 T 为气温；$f_2(SLA)$ 是 P_{max} 的叶片厚度影响订正函数；SLA 为比叶面积（m^2/g^2）。

3）呼吸作用分为维持呼吸和生长呼吸两部分。维持呼吸为

$$R_m = R_{m_0} Q_{10}^{(T-T_0)/10} \qquad (3.5)$$

式中 R_m 和 R_{m_0} 分别表示温度为 T 和 T_0 时的维持呼吸速率；Q_{10} 为温度系数。这样，地上部维持呼吸总消耗量 R_{m_t} 为

$$R_{m_t} = \int_0^{24} R_m \cdot W d\tau \qquad (3.6)$$

式中 W 是地上部绿色器官的总干物重（g），则地上部日净同化量 P_n 为

$$P_n = P_t \cdot Part - R_{m_t} - R_g \qquad (3.7)$$

式中 $Part$ 表示日总光合产物对地上部的分配比例；R_g 为地上部生长呼吸量。则地上部干物质增量 ΔW 为：

$$\Delta W = \frac{30}{44} \cdot CVF \cdot P_n \qquad (3.8)$$

式中 CVF 表示植物将初级光合产物转化为结构物质的效率，30/44 是 CH_2O 与 CO_2 的分子量之比。

干物质增长模拟过程中，考虑了一日内光合有效辐射和气温的变化，还考虑了叶面积增长的动态变化。此外，模型还考虑了品种、密度、出苗期和肥力等作物、土壤参数。

（2）用干物质积累子模型评估玉米冷害的经济损失。一般情况下，东北地区玉米延迟型冷害减产 5%～15%，严重冷害减产 15% 以上。这类损失指标是根据气候条件和秋收后测产结果而定的。玉米冷害与动态（滚动）评估要求在前、中期即推算可能损失，因此不能完全采用这一静态指标。玉米延迟型冷害减产原因主要是在低温寡照条件下，光合作用速率下降导致干物质积累缓慢及生育期延迟，而且玉米产量与玉米生物量的比例（即经济系数）是比较固定的，即经济产量取决于生物量积累，因此可以用实际气候条件下的干物质积累量（M_i，g/m^2）相对于标准气候条件下（光、热和土壤水分中上等水平）的干物质积累量（M_0，g/m^2）的距平百分率来反映冷害可能减产率（Δy），即：

$$\Delta y(\%) = \frac{M_i - M_0}{M_0} \times 100\% \qquad (3.9)$$

在主要生长发育期到来之际，在计算 DVS 评估是否发生冷害的同时，计算 M_i 和 Δy，预估冷害可能造成的经济损失，即假设后期条件正常且不进行大规模的冷害防御措施，在前期冷害条件下造成的可能减产率。

3.1.1.3　玉米冷害动态评估方法的应用

近 30 多年来，东北地区的多数地方发生了多次较大范围的严重低温冷害，其中 1969，1972 和 1976 年等年份东北地区大部发生严重冷害，减产 15% 以上；1985 和 1995 年等年份部分地方发生了中轻度损失的一般冷害，减产 10% 左右；2004 年等不少年份为无冷害年。用长春市代表东北地区的中部、吉林市代表东北地区的中东部，用这几年的情况对模型进行检验，用相应模型和指标计算和模拟发育期，并求距平值，判断是否发生冷害。长春市玉米低温冷害发生与否及可能发生程度的运行结果如表 3.3。

表 3.3　长春市典型年中晚熟品种玉米冷害监测和评估结果

年份	日期及积温	出苗	七叶	抽雄	乳熟	成熟	初霜日
	正常日期（日/月）	17/5	9/6	23/7	19/8	19/9	26/9
	正常积温（℃·d）	0	427	1 384	2 007	2 533	
1969	发育期（日/月）	18/5	15/6	30/7	29/8	8/10	19/9*
	发育期距平（d）	−1	−6	−7	−10	−18	
	积温（℃·d）	0	323.5	1 242.6	1 840.8	2 364.5	
	积温距平（℃·d）		−94.5	−141.4	−166.2	−168.0	
	冷害评估		△△	△△	△△	△△	
	实际减产（%）					−34.1	
1972	发育期（日/月）	17/5	10/6	26/7	24/8	30/9	7/10
	发育期距平（d）	0	−1	−3	−5	−11	
	积温（℃·d）	0	408.9	1 335.3	1 912.5	2 419.7	
	积温距平（℃·d）		−18.1	−48.7	−94.5	−113.3	
	冷害评估		No	△	△△	△△	
	实际减产（%）					−15.3	
1976	发育期（日/月）	18/5	11/6	25/7	23/8	25/9	4/10
	发育期距平（℃·d）	−1	−2	−2	−4	−6	
	积温（℃·d）	0	406.7	1 347.3	1 943.0	2 438.3	
	积温距平（℃·d）		−20.3	−36.7	−64.0	−94.7	
	冷害评估		No	No	△	△△	
	实际减产（%）					−14.7	
1995	发育期（日/月）	19/5	12/6	25/7	23/8	22/9	3/10
	发育期距平（d）	−2	−3	−2	−4	−3	
	积温（℃·d）	0	377.2	1 337.5	1 929.1	2 467.5	
	积温距平（℃·d）		−49.8	−46.5	−77.9	−65.5	
	冷害评估		△	△	△△	△	
	实际减产（%）					−8.6	

年份	日期及积温	出苗	七叶	抽雄	乳熟	成熟	初霜日
2004	发育期（日/月）	16/5	9/6	21/7	17/8	13/9	
	发育期距平（d）	1	0	+2	+2	+14	
	积温（℃·d）	0	443.7	1 454.1	2 048.3	2 638.1	
	积温距平（℃·d）		+16.7	+70.1	+41.3	+105.1	
	冷害评估		No	No	No	No	
	实际增产（%）					6.9	

注：△：一般冷害；△△：严重冷害；No：无冷害；＊：当年遭霜冻。

由表 3.3 可见，其结果与实际情况是相符合的。用干物质积累模型模拟长春市低温冷害年和无冷害年的生物量，几个典型冷害年的减产率和无冷害年的增产情况与实际产量情况基本相符，其中长春市几个严重冷害年份减产 16%～32%，一般冷害年减产 10% 左右（见图 3.1）。吉林市的几个严重冷害年份减产 13%～35%，1995 年吉林市出苗至成熟期积温较常年少 36.9 ℃·d，不构成冷害；而长春市积温少 65.5 ℃·d，减产 9%，是一般冷害，而正常年和高温年（如 2004 年）均不减产。从模拟结果可看出，在严重低温冷害年份，用前、中期的气象条件进行冷害损失评估，结果与实际情况在趋势上是较符合的，用中、后期的气象条件评估，结果与实际基本吻合。在东北地区的中部、北部和东部，热量条件是决定产量水平的主要因素，玉米减产率与主要生长季节积温亏缺程度的关系是很明显的，但由于水、肥等条件的不平衡影响，这种线性相关性又往往出现偏差。在这种客观情况下，用积温亏缺

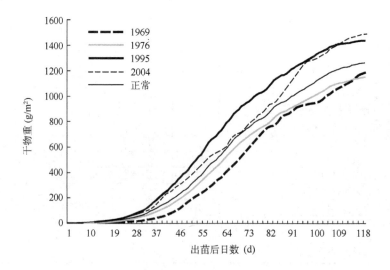

图 3.1　长春市典型冷害年和无冷害年的生物量模拟结果

程度和玉米低温冷害预测模型比较准确地模拟出代表地严重冷害年和无冷害年及其减产情况。这充分说明，这种方法进行玉米冷害动态评估是可行的，有一定的预测性和前瞻性，经过地区品种和其他参数订正后，可用于各地实际生产服务业务。

对 2005 年玉米生长发育状况及冷害发生情况进行试评估，根据抽雄前的条件和模拟结果判断，长春和吉林都略低于标准指标，抽雄期各晚 1 天，与观测结果完全相符，但都没有达到一般冷害年指标，故认为该年 80％保证率下两地都不会发生低温冷害，或者说发生冷害的概率只有 20％左右。生物量分析结果是，长春玉米中期干物重低于标准年，后期温度升高，干物重增长较快，但仍然没有达到标准值。长春市 2005 年成熟期积温比正常年多30 ℃·d，无冷害，但比 2004 年少 70 ℃·d，实际产量比大丰收的 2004 年减产 5％左右，比标准年减产 2％左右；吉林市的实际应用结果也基本如此。可见模拟和预估结果均与秋后实际产量情况相符。

上述低温冷害监测和评估技术的理论基础，一是积温多少决定发育期出现与否；二是低温、寡照引起的干物质积累亏损比例视为低温冷害减产率。用相对积温的动态变化模拟不同品种熟型的玉米主要发育期出现时间早晚，并用冷害指标判断是否发生冷害及统计风险概率；用玉米从出苗到成熟各时期的干物质积累量与较高积温条件下的标准干物质积累量的距平百分率来预估低温冷害可能造成的经济损失。该方法在玉米生长发育各时期均可进行灾害评估，一般在玉米七叶、抽雄、乳熟和成熟期进行，后一次评估可看做是对前一次评估的订正和补充，越接近成熟期，评估结果越准确。

3.1.2　水稻低温冷害的监测和评估

3.1.2.1　水稻低温冷害的监测

（1）水稻延迟型冷害的监测。上述玉米延迟型低温冷害的监测方法也适用于水稻延迟型冷害的监测，只是监测指标不同而已。根据近 20 多年来各地水稻生长发育观测资料，去掉个别低温冷害年份，经过统计分析，得到东北地区水稻不同生育期低温冷害的监测指标如表 3.4 和表 3.5。由于水稻育苗期间时间长短主要由温度条件决定，而且幼苗可移栽期的早晚也在很大程度上决定以后生育期出现时间的早晚，因此水稻延迟型冷害监测应从育苗期算起。某一生长期积温偏少至一定程度或发育期延迟天数达到一周左右，都很有可能发生低温冷害。例如，水稻移栽至抽穗期间≥10 ℃活动积温比所需的积温指标少 60 ℃·d，有 70％的可能性发生轻度的低温冷害，少 70 ℃·d 左右，发生严重冷害的可能性是 75％左右。实际应用时，应该既考虑积温短缺指标，又考虑生育期延迟天数指标，因为除了温度决定生长发育以外，还有其他影响因素。

水稻抽穗期的早晚是监测和判断是否发生低温冷害的最有效的指标。研究结果表明，吉林省中西部地区（中熟和中晚熟地区）的水稻安全出穗期是在 8 月 7 日前后，东部山区水稻安全出穗期是在 7 月 28 日前后。近 20 多年来，尽管水稻品种生态特征也发生明显的变化，但是由于气候变暖，热量资源明显改善，吉林省中熟和中晚熟水稻品种安全出穗期已经推迟到 8 月 10 日前后，东部山区水稻安全出穗期推迟到 8 月 5 日前后。如果出穗期比表 3.4 中的正常日期延迟 6 天左右，则水稻不会正常成熟，会发生低温冷害。

表 3.4 东北地区水稻生长发育期（普遍期）及播种以来的活动积温指标

品种区域		播种	移栽	分蘖	抽穗	成熟	天数（d）
早熟品种区	日期（日/月）	18/4	29/5	25/6	3/8	13/9	148
	活动积温（℃·d）	0	552	981	1 984	2 705	
中熟品种区	日期（日/月）	15/4	26/5	22/6	5/8	17/9	155
	活动积温（℃·d）	0	563	982	2 085	2 925	
中晚熟品种区	日期（日/月）	14/4	26/5	22/6	6/8	20/9	158
	活动积温（℃·d）	0	597	1 005	2 148	3 045	

表 3.5 东北地区水稻延迟型低温冷害监测指标及风险程度判别

指标类型	发育期	一般冷害 $\Delta\sum T$（℃·d）	大致风险度（%）	严重冷害 $\Delta\sum T$（℃·d）	大致风险度（%）
积温距平指标	播种—移栽	$-40\sim-50$	75	<-55	70
	播种—分蘖	$-50\sim-60$	80	<-65	75
	播种—抽穗	$-55\sim-65$	85	<-70	90
	播种—成熟	$-60\sim-70$	95	<-80	95
	移栽—成熟	$-55\sim-70$	95	<-70	95
		ΔD（d）		ΔD（d）	
生育期延迟天数指标	移栽普遍期	$5\sim6$	65	>6	65
	分蘖普遍期	$6\sim7$	70	>7	78
	抽穗普遍期	$7\sim8$	85	>8	85
	成熟普遍期	$7\sim8$	95	>8	95

（2）水稻障碍型冷害的监测。水稻障碍型冷害的监测一般也是根据冷害的温度指标来监测和判断。研究表明，水稻生长发育及产量形成对低温反应有两个敏感期：一是穗分化期或称孕穗期，东北地区一般在 7 月上旬前后；二是抽穗开花期，东北地区一般处于 7 月下旬至 8 月上旬。这两个时期出现较强降温天气，会对生殖器官的形成、发育及结实造成严重影响，产生障碍型冷害，减产幅度在 10% 以上，严重年份减产 50% 以上。在水稻孕穗期的 20 天内，如果有连续 2 天以上日平均气温低于 17 ℃，则会发生一般程度的孕穗

期障碍型冷害；水稻开花期连续 2 天以上日平均气温低于 19 ℃，也会发生一般程度的花期障碍型冷害。也可以用冷积温指标来监测和判别是否发生障碍型冷害。冷积温指的是在水稻孕穗至开花期间受低温影响的临界温度指标（T_0）与实际温度（T_i）之差的累积（H），即：

$$H = \sum_{i=1}^{n} (T_0 - T_i) \tag{3.10}$$

如果冷积温在 20 ℃·d 以上，则会发生低温冷害。

3.1.2.2 水稻低温冷害的评估

水稻一般冷害和严重冷害的减产指标可用于低温冷害损失的评估。水稻生殖生长期持续时间比较长，而且对低温反应十分敏感，是水稻低温冷害形成的主要时期。近些年来，由于气候变暖，作物延迟型低温冷害的发生相对少了一些，但东北地区水稻障碍型低温冷害却频繁发生，有的年份因冷害导致绝收。

有关研究结果表明，水稻进入生殖生长低温敏感期后，遇低温天气而使生殖生长过程受阻，造成雄性不育产生空壳，这是障碍型冷害形成的主要机制，也是建立冷害损失评估模式的主要理论依据。下面着重介绍东北地区水稻生殖生长期冷害减产程度的定量评估方法。

（1）评估模式的基本框架。因为每日温度条件和水稻群体进入敏感期数量比例都不同（即一定稻田面积内，每天进入温度敏感期的植株数量比例不同），因而每天低温对水稻减产的影响程度有很大差别，不能用某一时段的平均来代替。实际上，障碍型冷害损失程度是每日低温导致不育数量的累积，其表达式为：

$$y = \frac{1}{\varepsilon} \sum_{j=t_1}^{t_2} [(X_j - X_0)P_j] = \frac{1}{\varepsilon} \sum_{j=t_1}^{t_2} (Q_j P_j) \tag{3.11}$$

式中 y 为研究区域内水稻障碍型冷害减产率（%）；X_j 为某日的空壳率（%，其中包括生理空壳率），取决于日内低温强度，即与日内冷积温（W_j）有关（即 $X_j = f(W_j)$）；P_j 为所研究范围内某一日水稻群体进入生殖生长低温敏感期的数量概率（%）；X_0 为水稻生理空壳率，可视为不随温度变化的常数，也就是无冷害时的自然空壳率，一般为 5%～10%，本模型取 7.5%；$Q_j = X_j - X_0$，为由低温导致的逐日空壳率；j 为日期顺序；t_1、t_2 为进入敏感期的开始、结束时间，表明障碍型冷害形成的期限；ε 为水稻空壳率占总体减产率的比重系数，一般为 0.85～0.90，根据延边地区各县（市）1988 和 1993 年障碍型冷害空壳率与减产率的资料，经分析认为 ε 为 0.87，即水稻障碍型冷害减产中的 87% 左右是因低温不育造成的，其余部分由粒数减少、粒重下降所致。

（2）计算冷积温。日内冷积温采用下面的模式计算：

$$W_j = \int_{h_1}^{h_2} (T_0 - T_i)\,\mathrm{d}h = \sum_{h_1}^{h_2} (T_0 - T_i) \qquad (3.12)$$

式中 T_i 为某时气温，i 为时序；h_1，h_2 为低于临界气温（T_0）的开始和结束时间，显然，一日内 h_1，h_2 可以是不连续的；T_0 为水稻生殖生长受到一定影响的临界温度，与所处时期及品种抗寒性有一定关系。一般情况下，孕穗初期 T_0 约为 19.0℃，在减数分裂和开花期间 T_0 为 19.5～21℃较合理。就整个生殖生长关键期而言，$T_0 = 0.6 L_n + 11.6$，其中 L_n 为某品种主茎上的叶片数，早熟品种叶片少，比晚熟品种耐寒，T_0 稍低一些。对于整个敏感期，早、中、晚熟品种 T_0 参考值为 18.5～19.0，19.5～19.9 和 20.0～21.0℃。

（3）计算水稻空壳率。许多研究表明，水稻空壳率与低温强度和低温持续时间有密切关系，其实质是与低温的累积（冷积温）有关。因而水稻某一日产生不育的数量是该日内冷积温（W_j）的函数，即：$X_j = f(W_j)$。

日内冷积温（W_j，℃·h）与日内所产生的空壳率（X_j）也应有相应的关系。根据试验研究结果，结合资料统计和生产经验，我们建立了日内空壳率与日内冷积温的关系为：

$$X_j = \begin{cases} 7.620 + 1.351\,8\,W_j + 0.010\,2\,W_j^2 & 0 \leqslant W_j \leqslant 53\ ℃\cdot\text{h} \\ 100 & W_j > 53\ ℃\cdot\text{h} \end{cases}$$

$$(3.13)$$

式中 X_j 代表 j 日内产生的空壳数占该日处于低温敏感期的稻颖应形成的总粒数的百分比。显然，$W_j = 0$ 时，$X_j = 7.62\%$，即为生理空壳率。

（4）建立水稻生殖生长低温敏感期的概率分布模型。无论是一个稻穗、一亩稻田、一个乡镇或一个县（市）的范围，每天水稻群体（整体而言）进入生殖生长低温敏感期的数量是不同的，即敏感期内每天处于敏感期的稻颖的数量比例是不同的，则同样低温条件下影响结果大不相同。在生殖生长期间，水稻进入低温敏感期的数量百分率（F_j）的时间分布规律是开始低、中期高、末期低，符合准正态分布，其每天数量（%）的累积符合增长曲线函数规律，但其高峰期都略偏前一点（图 3.2）。因此，引入高峰系数和进入敏感期始末间隔日数参数，用逻辑斯谛函数模拟敏感群体累积数量百分率的分布，并在计算机上优选参数。其模式经化简后为：

$$F_j = \frac{1}{1 + e^{-9.19(j-nd)/Z}} \qquad (3.14)$$

式中 $Z = 2nd + (2-4d)j$；j 为水稻进入敏感期的日序（时间）；n 为敏感期长度，即水稻进入敏感期从开始到结束的间隔日数，与研究范围大小、区内各地气候差异、品种、栽培方式、播种时间等因素有关，一般情况下，从孕穗初期到扬花期这段主要敏感期内，乡级 n 为 15～20 天，县级为 20～25 天，地区级为 25～30 天；d 为敏感高峰期系数，即高峰期日序与 n 的比例，因高峰期偏前，一般 d 约为 0.4，而不是 0.5。一般敏感高峰期处于止叶期或止叶期的前 2～3 天。已知止叶期和 d 值，可推测出在 n 值下的高峰期及始、末日期。这样，一地的 F_j 值除取决于日序 j 外，还因 n 和 d 而有所变化，更能灵活地反映实际情况。以敦化市为例，n 为 20 天、d 为 0.4 天，则 j 分别为 2，8，10 和 20 天时，对应的 F 值分别为 0.04，0.50，0.72 和 0.99。

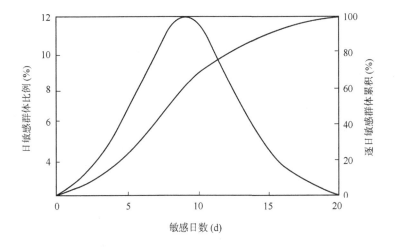

图 3.2 敏感期内逐日敏感水稻数量比例的正态分布及其累积函数特征

这样，某日水稻处于敏感期的稻颖数量占总体的百分率 P_j 为：

$$P_j = F_j - F_{j-1} \qquad (3.15)$$

综合上述各项，得到水稻障碍型冷害损失率的评估值。

（5）评估方法应用举例。上述模式中的待定参数是通过分析东北延边等地近几年严重障碍型冷害年，并考虑到无冷害年和其他县（市）的情况，经参数分析优化确定的，经试用效果良好，符合实际。以 1998 年为例，该年吉林省延边地区各县（市）发生了严重的孕穗—开花期障碍型冷害。以延吉市为例，取 $n=25$ 天，$d=0.4$，止叶期为 7 月 21 日，也是高峰期，则初始日期为 7 月 12 日 （$j=1$），末期为 8 月 5 日 （$j=25$）。该市为中熟品种区，初期（前 5 天）$T_0=19.0\,℃$，而后 $T_0=19.8\,℃$。计算结果见表 3.6，由低温引起的总空壳率为 54.3%，与实况基本吻合。用同样方法计算了延边地区各县（市）1998 年障碍型冷害减产率为 43%～66%，1993 年延吉市等县（市）障碍型冷害空壳率为 48.4% 左右，均与实况相符。计算了东北中部长春等市 1999 年的情况，因低温所引起的空壳率为 1.2% 左右，即非冷害年。

表 3.6 1998 年延吉市水稻障碍型冷害损失评估结果

J	T_{max} (℃)	T_{min} (℃)	ΔT (℃)	E_0	I (h)	G	S_1	W (℃·h)	Q	P	H (%)	ΣH (%)
1	22.3	16.4	5.9	0.44	12.29	2.16	3.26	19.21	29.83	0.010	0.300	0.30
2	24.6	13.0	11.6	0.52	13.66	2.82	4.25	49.25	91.34	0.011	1.031	1.33
3	20.7	16.8	3.9	0.56	14.49	3.27	4.90	19.12	29.69	0.018	0.521	2.85
4	22.0	17.2	4.8	0.38	11.06	1.66	2.49	12.00	17.73	0.026	0.467	2.32
5	25.8	15.7	10.1	0.41	10.12	1.33	1.98	20.01	31.24	0.038	1.186	3.51
6	27.8	11.1	16.7	0.52	13.73	2.86	4.30	71.75	100.0	0.052	5.211	8.72
7	28.6	12.3	16.3	0.46	12.64	2.32	3.50	56.99	100.0	0.068	6.752	15.47
8	27.0	16.0	11.0	0.35	10.49	1.45	2.17	23.91	38.24	0.082	3.130	19.60
9	24.2	16.9	7.3	0.40	11.48	1.82	2.74	20.01	31.23	0.092	2.879	21.48
10	19.6	16.4	3.4	1.00	24.00	10.91	13.59	44.52	80.44	0.096	7.733	29.21
11	20.8	16.9	3.9	0.74	17.79	5.44	7.79	30.38	50.56	0.093	4.705	33.92
12	22.2	16.0	6.2	0.61	15.36	3.79	5.63	34.91	59.69	0.084	5.024	33.94
13	22.1	15.4	6.7	0.66	16.16	4.29	6.32	42.33	75.56	0.072	5.433	44.37
14	21.6	16.5	6.1	0.65	15.98	4.18	6.16	31.44	52.65	0.059	3.090	47.46
15	20.5	16.5	4.0	0.82	19.46	6.75	9.30	37.20	64.47	0.046	2.985	50.45
16	27.1	17.4	9.7	0.25	8.44	0.84	1.25	12.10	17.97	0.036	0.641	51.09
17	29.6	16.8	12.8	0.23	8.14	0.77	1.14	14.59	22.01	0.027	0.596	51.68
18	22.0	17.2	4.8	0.54	14.10	3.05	4.58	22.00	34.78	0.020	0.708	52.39
19	22.7	15.9	6.8	0.57	14.66	3.37	5.26	34.28	58.39	0.015	0.889	53.28
20	24.0	17.2	6.8	0.38	11.20	1.71	2.57	17.49	26.87	0.013	0.306	53.59
21	20.0	17.4	2.6	0.92	21.80	8.81	11.32	29.42	48.68	0.009	0.415	54.00
22	22.4	16.9	5.5	0.53	13.84	2.91	4.38	24.11	38.61	0.006	0.247	54.25
23	28.4	17.4	11.0	0.22	7.76	0.68	1.01	11.13	16.43	0.005	0.079	54.33
24	31.2	19.4	11.8	0.03	1.83	0.00	0.07	0.93	1.39	0.004	0.005	54.34
25	27.1	20.2	6.9	0.00	0.00	6.18	0.00	0.00	0.12	0.003	0.000	54.34

$H=QP=$ 每日空壳数量占总空壳数的比率

3.2 低温冷害的预测

由于目前长期天气预报和短期气候预测的能力有限，因此低温冷害的预测受到一定限制。在现阶段，做好低温冷害的预测应从以下三个方面努力：一是要做好低温过程的长期预测；二是总结生产经验，分析低温冷害发生的规律；三是搞好作物低温冷害的监测。其中作物低温冷害的监测是通过对致灾因子的变化和作物生长发育及产量形成状况的监测和分析，判断是否发生了低温冷害，而且可以根据后期气候和作物生长进度的分析预测和统计、概率分析，预测未来是否发生低温冷害及可能减产程度，从而实现低温冷害的预测。由于冷害的监测在前一节已经介绍了，因此，本节主要介绍低温过程的长期预测和群众在冷害预测方面的经验。

3.2.1 低温天气过程的长期预测

尽管目前长期天气预报和短期气候预测的能力有限，但由于这项工作十分重要，因此仍然有不少人在开展这方面的研究和预测工作。东北低温冷害协作组早在 20 世纪 70 年代末就初步建立了东北地区夏季低温的长期预报思路，主要是从低温气候背景、气候变化规律、大气环流特点以及下垫面特点等方面考虑持续低温的预报问题。有的作者通过东北夏季低温与 ENSO 等的关系来预测东北地区的夏季低温。有的作者分析了极涡面积和极地冰雪面积与东北夏季低温的关系。不少天气气候学者从典型低温冷害年的平均天气形势来寻找夏季低温年的前期平均大气环流特征。这些研究都为低温冷害的预测奠定了科学基础。

（1）东北地区夏季低温环流形势预测。汪秀清等（2006）分析了东北地区每个典型冷害年的 3—5 月 500 hPa 高度场特征，给出了东北地区典型低温冷害年的 3—5 月 500 hPa 高度距平的平均图（图 3.3）。从图 3.3 中可以看出，东北地区低温冷害年，春季 70°N 以北的极区为较强的正距平区，中心位于新地岛附近，新地岛附近正距平较强，说明春季极涡偏弱，且极涡中心偏于北美；

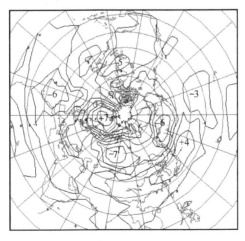

图 3.3　东北低温年 3—5 月 500 hPa 高度距平（单位：gpm）的平均图

45°～70°N 之间为大范围的负距平区所控制，负距平区从乌拉尔山一直伸到库页岛以东；30°～45°N 为弱的正距平区。由于大范围的负距平区的东移南压，造成东北地区低温冷害。把 5—9 月平均气温和的距平值 −2.0 和 −4.0 ℃ 分别作为一般冷害年和严重冷害年的临界值，用该预报模型对东北地区 1951—2000 年夏季的低温冷害年进行拟合，结果表明，12 次低温冷害年，有 11 年拟合正确。因此，可以用春季 3—5 月 500 hPa 高度场特征初步预测东北地区夏季是否出现低温冷害。

（2）东北地区夏季低温冷害统计预报模式。通过前冬（11 月—翌年 2 月）环流指数、500 hPa 高度场、海温场与东北地区气温的相关计算，发现冬季的副热带高压面积指数和东北地区夏季气温关系较好。冬季副热带高压面积大，则翌年夏季温度高，反之温度低。如果 500 hPa 高度场冬季在乌拉尔山附近有一高相关区，相关系数达 0.612 以上，说明冬季乌拉尔山高度场高，则翌年东北地区夏季温度高，反之温度低，具体区域为 35°～60°N，40°～90°E。如果冬季海温场在西风漂流区附近（40°～45°N，160°E～150°W）有一比较显著的反相关区，相关系数为 −0.39，说明冬季西风漂流区温度高，则翌年夏季东北区温度低，反之温度高。

将上述三个因子标准化，建立东北地区夏季低温冷害回归预测模式：

$$y = 21.578\,2 + 0.125\,5X_1 + 0.282\,7X_2 - 0.202\,7X_3 \qquad (3.16)$$

式中 X_1 为冬季副热带高压面积指数；X_2 为冬季乌拉尔山附近高度场；X_3 为冬季西风漂流海温场；y 为东北区夏季平均气温预报值。该模式复相关系数为 0.662 4，F 计算值为 9.383，通过 $\alpha = 0.001$ 的 F 检验。统计计算结果与实际情况比较，结果表明，把东北地区夏季平均气温距平低于 −0.5 ℃ 的年份作为低温冷害年，东北地区 1951—2000 年的 12 次夏季低温冷害年，低温趋势全部相符。对于低温的定量预测，即实际夏季平均气温距平低于 −0.5 ℃，而预测也必须低于 −0.5 ℃，12 年中有 9 年相符，可见这种模式对低温冷害的预测能力是比较强的。

（3）用多要素统计模型预测冷暖年型。郭建平等（2006）按历年作物生长季节的热量条件将东北地区划分成高、中、低 3 类热量年型，低温年则是东北地区大部分地方低温冷害发生的年份。对 66 个大气环流指数上一年 5—9 月和上一年 10 月—当年 1 月的距平值进行系统分析，并采用逐步剔除筛选的方法，选取对热量年型有重要影响的参数作为预测指标，从而获得了东北地区低温年和高温年的预测指标集。根据上一年至当年年初的环流指数和副热带高压面积指数提前半年左右判断当年是高温年还是低温冷害年，达到初步预测低温冷害年的目的。对于东北地区大部，易出现低温冷害年的判别指标如下：

上年 5 月—上年 9 月太平洋欧洲环流型（W）距平	$\geqslant 4.5$
上年 10 月—当年 1 月西太平洋副热带高压强度指数距平	$\leqslant -12.9$
上年 10 月—当年 1 月印缅槽距平	$\leqslant -5.8$
上年 10 月—当年 1 月东亚槽位置距平	$\leqslant -3.8$
上年 10 月—当年 1 月北美副热带高压脊线距平	$\geqslant 3.3$
上年 10 月—当年 1 月印度副热带高压北界距平	$\geqslant 4.6$
上年 10 月—当年 1 月北美副热带高压面积指数距平	$\leqslant -1.9$
上年 10 月—当年 1 月北非副热带高压脊线距平	$\geqslant 4.4$

具体在做预测时，上述 8 个指标中任何一个指标达到要求，即为低温年。经过回代检验和试报检验，证明用这些指标预测东北地区低温冷害有可靠性。

郭建平等（2006）又用副热带高压面积指数为自变量（表 3.7），分别建立了辽宁省、黑龙江省、吉林省和东北地区玉米热量指数预测模型：

$$
\left.
\begin{aligned}
\text{辽\quad宁：} Y &= 85.045\,2 + 0.125\,52 X_2 - 0.160\,08 X_3 + \\
&\quad 0.205\,60 X_4 - 0.499\,07 X_8 + 0.431\,94 X_9 \\
\text{黑龙江：} Y &= 59.228 + 0.629\,31 X_4 - 0.873\,39 X_6 + \\
&\quad 0.433\,44 X_7 - 0.734\,82 X_8 + 0.411\,11 X_{10} \\
\text{吉\quad林：} Y &= 65.594\,1 + 0.277\,19 X_2 - 0.156\,16 X_3 + \\
&\quad 0.270\,42 X_7 + 0.954\,31 X_9 - 0.122\,93 X_{10} \\
\text{东北区：} Y &= 65.312\,1 + 0.240\,87 X_2 - 0.180\,16 X_3 + \\
&\quad 0.353\,96 X_4 - 0.857\,78 X_8 + 0.543\,28 X_9
\end{aligned}
\right\} \quad (3.17)
$$

以上各模型都达到了显著标准。模式中 Y 是用作物生长季节平均气温计算的热量指数。$Y \leqslant 89.08$，$\leqslant 74.36$，$\leqslant 63.14$，$\leqslant 75.2$ 分别表示辽宁省、吉林省、黑龙江省和东北全区出现低温年。各地回代和试报成功率都在 90% 以上，说明以上模型有较好的预测能力。

表 3.7　与东北的热量年型相关显著的副热带高压面积指数因子

预测因子	物理意义	预测因子	物理意义
X_1	上年 12 月北半球副热带高压面积指数	X_2	上年 8 月北非副热带高压面积指数
X_3	上年 10 月北非副热带高压面积指数	X_4	上年 12 月西太平洋副热带高压面积指数
X_5	上年 12 月东太平洋副热带高压面积指数	X_6	上年 10 月大西洋副热带高压面积指数
X_7	上年 11 月大西洋副热带高压面积指数	X_8	当年 1 月南海副热带高压面积指数
X_9	上年 10 月南海副热带高压面积指数	X_{10}	上年 10 月北美大西洋副热带高压面积指数
X_{11}	当年 1 月太平洋副热带高压面积指数		

3.2.2 用群众经验和谚语预测低温冷害

在长期的农业生产实践中，我国各地对冷害的预测已积累了许多经验。例如长江流域及其以南地区预测春季冷害的经验就有：

三九不冷看六九，六九不冷倒春寒。"三九"指 1 月中旬，即小寒至大寒节气；"六九"指 2 月上、中旬，即立春节气前后。一般"三九"为一年当中最冷的时段，正如农谚所说"热在中伏，冷在三九"。如果"三九"不冷则"六九"往往比较冷，而如果到了"六九"还不冷，那就说明当年整个环流形势和天气气候出现异常，春播育秧季节将有倒春寒，即很可能有春季冷害出现。

秋后热得很，来春冷得多。"秋后"指处暑节气以后，即 9 月上、中旬；"来春"指第二年早稻春播育秧季节，即 3 月上旬至 4 月下旬。这句谚语的意思是说，如果当年 9 月上、中旬天气较常年偏热，则第二年春播育秧季节天气将较常年偏冷，即很可能有春季冷害出现。

冷惊蛰、暖春分，暖惊蛰、冷春分。"惊蛰"指 3 月上旬至中旬，"春分"指 3 月下旬至 4 月上旬。这句谚语是利用春季天气变化前后的相关和 15 天韵律的经验，根据前一个节气出现的天气实况，预测后一个节气的天气趋势。一般情况下，如果惊蛰节气阴雨天气较多，气温偏低，即所谓冷惊蛰，则相应春分节气将多晴好天气，气温偏高，无低温冷害出现，适宜早稻播种育秧；反之，则往往发生低温冷害。

二月清明莫在前，三月清明莫在后。清明节气在 4 月 5 日前后，只是由于阴阳历的差异和阴历置闰的关系，所以在阴历中有时二月清明，有时三月清明。二月清明的年份通常为阴历闰年，表面看似乎节气提前了，实际是节气延后了，因为后面还要增加一个闰月。因此，遇二月清明的年份，说明节气延后，早稻育秧不宜早播，以防低温冷害；而遇三月清明的年份，说明节气正常或提前，早稻育秧应抓紧早播，以免延误季节。据湖南省气象台统计分析，这句谚语有 82% 的可靠性，可作为预测有无春季冷害的主要参考依据。

预测秋季冷害方面的经验有：

春暖秋寒，春寒秋暖。春季指阳历 3—5 月份，秋季指阳历 9—11 月份。这个谚语是利用天气气候变化的准半年周期和 180 天韵律的经验来预测秋季冷暖趋势。一般情况下，春暖说明当年整个季节提前，秋季将冷得早，北方地区玉米灌浆后期和南方双季晚稻抽穗开花期间可能有冷害出现；反之，春寒说明当年整个季节延后，秋季将冷得迟，北方地区玉米灌浆后期和南方双季晚稻抽穗开花期间可能无冷害出现。

小暑过热秋冷早。小暑节气开始入伏，在正常情况下，一年当中最热的天气应在大暑节气，即中伏期间。如果小暑节气天气就过分炎热，说明季节有提前趋势，跟上述"春暖秋寒"的情况类似，秋季将冷得早些，北方玉米灌浆后期和南方晚稻抽穗开花期间可能有冷害出现。

在北方地区，特别是东北地区预测夏季冷害方面的经验有：

冬不冷、夏不热。"冬"指立冬至大寒整个冬季，"夏"指立夏至大暑整个夏季。这个谚语也是利用天气气候变化的准半年周期经验，即根据上年冬季寒冷程度来预测当年夏季冷暖趋势。如果上年冬季天气气候不太寒冷（较常年偏暖）的话，则当年夏季天气气候亦不会太炎热，很可能有冷害出现。

该热不热，五谷不结。即夏季小暑、大暑节气天气应该炎热的时候不炎热，即出现了夏季冷害，五谷结实率会大受影响，年景不会太好。

冷过头、热过头，异常现象都应愁。天气气候正常时，各个气象要素一般都在平均值附近摆动，不会有极值出现，即不会有过冷过热现象。如果出现过冷过热现象，说明天气气候变化有些反常，应当注意将有冷害等农业气象灾害出现。

小暑大暑气温高，秋后吃饱不发愁。这是根据小暑、大暑期间的天气实况预测秋收年景好坏的经验。如果小暑、大暑期间气温偏高，说明当年夏季不但无冷害，而且有利于作物生长发育和产量形成，秋熟作物将丰收，吃饭不用发愁；反之，小暑、大暑期间气温偏低，说明当年夏季将出现冷害，秋熟作物将歉收，吃饭是要发愁的。

此外，在东北地区和华北沿海地区，如果有海水温度观测资料的话，亦可根据冬季海温高低来预测夏季气温高低。研究表明：冬季海温与夏季气温通常呈正相关关系，即冬季海温偏高时，夏季气温亦偏高；冬季海温偏低时，夏季气温往往偏低。

3.3　低温冷害的风险分析

3.3.1　风险分析的概念

风险分析是灾害学中灾害风险管理的一个概念，指的是对某一地区在某一时期内发生某种灾害的可能性及经济损失程度大小的分析。这一概念应用到农业气象灾害分析中是很恰当的。就作物低温冷害而言，由于农作物的多样性和农业气候资源地理分布的多样性，以及农业生产和管理水平的地域差异，导致低温冷害在不同地区和不同时期的发生程度、发生频率和经济损失程度是不同的，不同作物之间低温冷害发生与否及损失程度也有明显差别。这种差异可以用风险程度大小来度量。风险程度的内涵包含灾害发生的可能性和经济损失程度大小两个方面，凡是低温冷害风险大的地方和时期，低温冷害的发生比较频繁，经济损失也比较大，因此，低温冷害的防御就更加重要。要减轻低温冷害的风险，不但要通过技术和管理措施降低低温冷害发生的机会，还要减轻冷害所造成的经济损失。

3.3.2　风险分析常用指标及方法

（1）温度距平。在农业气象灾害学领域，一般把导致灾害的气象要素达到气象灾害指标的年份定义为灾害年。这种用气象条件定义灾害年的方法，前提是气象条件变化与灾害损失密切相关，气象条件是灾害发生与否及损失程度大小的决定性因素，气象条件变化对历年灾害发生的概括率要在80％以上。在东北地区，作物生长季≥10 ℃活动积温距平在 $-70 \sim -120$ ℃·d 或5—9月平均气温之和低于常年 $2 \sim 3$ ℃的年份，会导致粮豆作物减产5％～15％，发生一般性（中、轻度）冷害；若某一年积温距平在 -120 ℃·d 以下或平均气温之和的距平为 $-3 \sim -4$ ℃，则会产生严重低温冷害，减产15％以上。

在水稻抽穗期间有连续 2 天以上平均气温低于 17 ℃（温度距平 $-3 \sim -4$ ℃），或开花期间有连续 2 天以上平均气温低于 19 ℃（温度距平 $-3 \sim -5$ ℃），则会产生障碍型冷害，减产10％左右。

（2）变异系数。

①粮食产量变异系数。粮食产量变异系数可以反映产量年际波动的大小，其表达式为

$$Cv = \frac{1}{\overline{Y}} \sqrt{\frac{\sum (Y_i - \overline{Y})^2 - \sum (\hat{Y} - \overline{Y})^2}{n-1}} \tag{3.18}$$

式中 Cv 为变异系数；Y_i 为历年的单产；$\hat{Y}$ 为用 11 年滑动平均求算的社会趋势产量；$\overline{Y}$ 为历年平均产量；n 为总年数。Cv 值越大，产量年际波动较大，产量越不稳定；Cv 值越小，产量年际波动较小，产量越稳定，灾害风险越小。

②灾害气象要素变异系数。灾害气象要素（温度）的变异系数可表明气象要素逐年波动（稳定）程度大小，其计算公式为

$$V_{T_2} = \frac{1}{\overline{T}} \sqrt{\frac{\sum (T_i - \overline{T})^2}{n-1}} \tag{3.19}$$

式中 V_{T_2} 为灾害气象要素变异系数；$\overline{T}$ 为多年平均温度；T_i 为某一年和某一地方的温度值；n 为总年数。

（3）气候风险指数。低温冷害风险指数是冷害强度和冷害发生频率综合指标，因而能较客观地反映低温冷害的风险程度。将每个县（市）出现低温冷害的年份按一般冷害和严重冷害分为两组，求出每组出现的频数和组中值，再按下式计算风险指数：

$$K = \frac{\sum_{i=1}^{n} D_i}{n} \times H_i \tag{3.20}$$

式中 K 为气候风险指数；D_i 为 i 组出现的频数；n 为总年数；H_i 为组中值。风险指数越大，表明当地低温冷害发生和损失的风险性越大。

（4）灾害发生频率。这是一个传统的灾害风险指标，表示灾害年数占总年数的百分率。低温冷害发生的频率越大，表明低温冷害的风险性越大。

（5）气候风险概率。气象要素中气温的波动符合正态分布，经过正态性检验表明，东北地区各地的历年 T_2 序列也符合正态分布，因此，可以引入冷害发生气候风险概率的概念，用正态分布函数揭示各地发生冷害的风险性大小。正态分布密度函数为：

$$f(x) = \frac{1}{\sqrt{2\pi}\delta} \mathrm{e}^{\frac{(x-u)^2}{2\delta^2}} \tag{3.21}$$

式中 $f(x)$ 为概率密度；x 为变量 ΔT_2；u 为数学期望值；δ 为标准差。对概率密度函数求积分，得到不同冷害指标下的风险概率，即

$$F = \int_{-\infty}^{\Delta T} f(x)\mathrm{d}x \tag{3.22}$$

式中 F 为风险概率；ΔT 为一般冷害或严重冷害的指标。分别计算各县（市）的一般冷害和严重冷害的风险概率（F_1 和 F_2），其值越大，表明发生冷害的风险性越大；反之，发生低温冷害的风险较小。

（6）综合风险指数。综合风险指数可以是低温冷害的减产率、变异系数和风险指数等多种风险指标的综合。为消除不同量纲的影响，将每一个指标极差化或标准化处理，使每个风险指标都介于 0～1 之间，然后将各风险指标相加，得到包含几个风险要素综合影响的新指标，则为综合风险指数。以减产率、变异系数和风险指数这三种风险指标为例，其计算公式如下：

$$D = \frac{1}{3}(S' + Cv' + K') \tag{3.23}$$

其中
$$S' = \frac{S_i - S_{\min}}{S_{\max} - S_{\min}}$$

$$Cv' = \frac{Cv_i - Cv_{\min}}{Cv_{\max} - Cv_{\min}}$$

$$K' = \frac{K_i - K_{\min}}{K_{\max} - K_{\min}}$$

式中 D 为综合风险指数；S，Cv 和 K 分别为减产率、变异系数和风险指数；下角 min 和 max 分别表示各要素的最小值和最大值。综合风险指数比较大的地方，表示产量或气象要素很不稳定，是高风险区；反之，综合风险指数比较小的地方，表示产量或气象要素比较稳定，是低温冷害的低风险区。

（7）气候风险分区指标。上述各项分析结果都在一定程度上反映了各地作物低温冷害风险性大小，如果要进行低温冷害气候风险的综合区划，应该用一些简单适用的方法，将各种评价指标综合起来。一般可以采用加权平均的方法，也可以应用聚类分析、最优分割等其他分区方法。例如，在东北地区玉米低温冷害综合气候风险区划中，考虑到热量资源及其变异系数、冷害发生频率、风险概率和风险指数、积温距平、玉米一般冷害频率、玉米严重冷害频率等指标，将这些因子分别进行区域归一化处理，即

$$x_i = \frac{x - x_{\min}}{x_{\max} - x_{\min}} \tag{3.24}$$

然后用等权重方法求平均，得到冷害综合气候风险指数，即

$$X = \frac{1}{n} \sum_{i=1}^{n} x_i \tag{3.25}$$

式中 X 为冷害综合气候风险指数；x_i 为各要素的归一化指数。用各地的 X 值绘图，兼顾东北地理和农业生态区域特性，按一定的界线指标进行玉米气候风险区划。

（8）气候-灾损综合风险评估指标。上述冷害的气候风险分区，没有考虑作物播种面积和产量的地域分布。实际上，粮食生产遭受冷害的经济损失风险大小除了与气候风险有关外，还取决于作物的区域分布及生产水平。主产区产量高、面积大，尽管冷害气候风险不大，但一旦遭受冷害，经济损失却很大；而部分高寒地区尽管冷害气候风险很高，但单产和面积比重很小，即使冷害频繁发生，损失也不会很大。因此，应在气候风险区划的基础上，充分考虑各地作物年产量、播种面积比重及生产水平，进行作物冷害气候和经济损失综合风险区划。

作物冷害气候和经济损失综合风险区划，一般是采用适宜的计算方法将气候风险分析与粮食产量比重结合起来。例如，在东北地区玉米气候-灾损综合分区中，将玉米总产和玉米面积比例这两个与灾害经济损失有直接关系的因素进行地域间的极差归一化处理，然后按两个主要灾损风险因素权重相加，得到冷害灾损风险指数，然后把气候风险指数和灾损风险指数综合，得到气候-灾损综合风险指标。

3.3.3　东北地区玉米低温冷害风险分析

（1）≥10 ℃积温、5—9月平均气温的稳定性。由于目前还没有能力提前准确预报整个玉米生长季积温或平均气温，因此农民春播前往往仅考虑当地多年平均气候状况来选购品种和选择生产方式，因而带有盲目性，遇低温年头就会遭受冷害损失。东北各地热量资源差异较大，就多年平均而言，辽宁省大部≥10 ℃积温（T_1）在 3 200～3 500 ℃·d 之间，5—9月平均气温之和（T_2）在100 ℃以上；吉林省中、西部及黑龙江西南部 T_1 在 2 800～3 100 ℃·d 之间，T_2 在 90～100 ℃；黑龙江省中部及吉林省东部半山区 T_1 在 2 400～2 800 ℃·d 之间，T_2 在 80～90 ℃；黑龙江省东部、北部及吉林省东部长白山高海拔地带 T_1 多在 2 400 ℃·d 以下，T_2 在 60～80 ℃。整个东北地区，最热和最冷的地方（农业区域）积温差达 1 500 ℃·d 左右，T_2 相差40 ℃左右。热量资源越贫乏的地方，发生玉米冷害的可能性越大，即发生冷害的风险性越大。

热量资源年变化稳定与否直接关系到该地玉米冷害发生的风险性大小。东北各地 T_1 和 T_2 均不很稳定，一地高温年和低温年 T_1 差达 700～800 ℃·d，T_2 差达 12 ℃左右。东北地区的东部和北部作物生长季节平均气温的变异系数达 0.04，而南部为 0.02～0.03，中部为 0.03 左右，这说明，东北地区的北部及东部玉米低温冷害风险较大，南部较小。

（2）玉米低温冷害发生的频率。在热量资源不足的地方，冷害发生的指标较低，很容易发生冷害。用 1961—2005 年资料统计，东北地区北部和吉林省的东部山区玉米一般冷害频率和严重冷害频率分别为 32% 和 25% 左右，低温冷害风险较大；辽宁省大部分别为 20% 和 10% 以下，低温冷害风险很小；东北地区其他县(市)玉米一般冷害频率和严重冷害频率分别在 25% 和 18% 左右。

（3）低温冷害风险指数。低温冷害风险指数是冷害强度和冷害发生频率综合指标，能较客观地反映低温冷害的风险程度。计算结果表明，吉林省东部高寒地区及黑龙江省北部的呼玛、北安、富锦、讷河等地为风险指数最大区，风险指数在 1.2 以上，其中吉林省的敦化风险指数最大，达 1.49；辽宁省中部及桓仁、本溪，吉林省西部，黑龙江省西南部为风险指数最小区，风险指数在 0.74 以下，其中以辽宁省的黑山最小，仅为 0.56；黑龙江省大部、吉林省中部等地风险指数在 0.82～1.14 之间。

（4）低温冷害发生的气候概率。黑龙江省的北部、东北部及吉林省的东部玉米一般冷害和严重冷害的风险概率分别为 30％ 和 20％ 以上，发生冷害的风险性很大；东北地区的中部玉米带所在地一般冷害和严重低温冷害的风险概率分别在 20％～30％ 和 10％～13％ 之间，玉米低温冷害风险居中；东北地区的南部，即辽宁大部一般冷害和严重冷害概率分别在 20％ 和 10％ 以下，玉米低温冷害风险较小。

（5）玉米低温冷害气候风险分区。东北地区玉米低温冷害气候风险分区结果如表 3.8 所示，黑龙江省北部、东北部和吉林省东部长白山高海拔地带，玉米低温冷害风险最大；黑龙江省中南部和吉林省中北部玉米低温冷害气候风险居中；吉林省中、西部和辽宁省大部玉米低温冷害气候风险较低。

表 3.8　东北地区玉米低温冷害气候风险分区

区号	风险程度分区名称	气候风险综合指标	地理区域
Ⅰ	高风险区	>0.7	黑龙江北部的呼中、呼玛、孙吴、抚远等县（市），吉林东部的长白、抚松等县（市）
Ⅱ	较高风险区	0.6～0.7	黑龙江中北部和东部的嫩江、海伦、伊春、佳木斯和鸡西所辖的多数县（市），吉林东部的敦化、蛟河、靖宇县
Ⅲ	中等风险区	0.4～0.6	黑龙江中南部的齐齐哈尔、大庆、哈尔滨、牡丹江、伊兰等县（市），吉林省的白城北部、扶余、榆树、吉林、通化、辽源等县（市）
Ⅳ	较低风险区	0.2～0.4	吉林省的白城南部、四平大部，辽宁的铁岭、丹东和抚顺大部分县（市）
Ⅴ	低风险区	<0.2	辽宁中南部和西部的沈阳、鞍山、朝阳、大连、营口、锦州和本溪、阜新大部

（6）玉米低温冷害气候-经济损失风险综合分区。在气候风险区划的基础上，充分考虑各地玉米年产量、播种面积比重及生产水平，进行玉米低温冷害气候和经济损失综合风险分析，同时又考虑到气候风险区划和灾损风险因素与地理、生态区域的相互协调，对分区结果进行了必要的调整与完善，最后将东北三省划分成五类低温冷害风险区域，分别为高风险区（Ⅰ）、偏高风险区（Ⅱ）、中风险区（Ⅲ）、低风险区（Ⅳ）和无风险区（Ⅴ）。Ⅰ～Ⅴ区的玉米气候-经济损失综合风险指标值大致为 0.6～0.7，0.5～0.6，0.4～0.5，0.3～0.4 和 0.3 以下（如图 3.4）。

（7）灾害风险分区评述。

Ⅰ：玉米低温冷害气候-灾损高风险区。该区分两种类型：

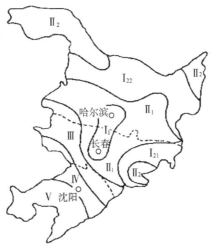

图 3.4　东北地区玉米低温冷害气候-经济损失风险分区

I_1：中部玉米低温冷害高风险区。该区为我国东北玉米带的中北部即哈尔滨至长春一带，该区虽然冷害气候风险不高，但玉米面积比例大、产量高，玉米面积比例达 70% 以上，多数县（市）年产玉米 100 万 t 以上，玉米生产过于集中，一旦发生严重低温冷害，该区年损失玉米可达 200 万 t 左右，损失巨大。该区减轻玉米低温冷害损失风险的对策是适当压缩玉米种植比例或降低晚熟品种的种植比例。

I_2：东部和中、北部玉米低温冷害高风险区。该区在地域上分两部分，一是吉林省东部长白山区大部（I_{21}），二是黑龙江省偏北部及东部大部（I_{22}）。这些区域低温冷害气候风险较高，且玉米面积比例较大，占粮食作物的 30% 以上，虽然多数县（市）玉米总产不高，但冷害频繁，而且冷害发生后常常给当地农业及农村经济带来灾难性的损失。该区减轻冷害风险的措施，一是采取地膜覆盖栽培等防御冷害的实用技术，二是尽可能使用早熟或极早熟品种。

II：玉米低温冷害气候-灾损较高风险区。其中包括 II_1 和 II_2 两部分：

II_1：该区位于吉林省中部玉米主产区的周边地带及黑龙江省南部多数县（市）。该区南部虽然低温冷害的气候风险较低，但玉米比重大，面积比例占 70% 以上；西北部和东部低温冷害的气候风险较高，玉米比重居中，占粮食播种面积的 50% 左右，因此该区低温冷害损失的气候风险和损失风险都属于偏高，低温冷害发生较频繁，且损失也较重。为了减轻低温冷害风险，该区南部应压缩玉米种植比例，北部和东部应采取抗低温的栽培技术，如地膜覆盖或选用中早熟品种。

Ⅱ₂：该区虽然处于东北的三个角落，但低温冷害风险类型相同，即都是高寒地区，低温冷害气候风险最高，但玉米种植面积少、比例小、产量低，有的地方根本不适合喜温的玉米种植。因此该区虽然常发生低温冷害，但灾害损失较轻，综合起来仍为低温冷害风险偏高的区域。该区减轻低温冷害风险的途径是进一步压缩玉米种植比例，改种抗寒作物，或退耕还林。

Ⅲ：玉米低温冷害气候-灾损中风险区。该区大致为吉林省西部、东南部和辽宁北部。其中辽宁北部和吉林省西南部低温冷害气候风险低于Ⅱ区，高于Ⅰ区，但玉米比重较大，例如四平、梨树和昌图是玉米带的主要县（市），玉米种植比例占70%以上。综合气候和损失风险因素，该区为低温冷害中风险区。该区减轻低温冷害风险主要靠提高玉米生产水平和抗灾能力。

Ⅳ：玉米低温冷害气候-灾损低风险区。该区为吉林省西南部、辽宁省中北部及辽东的部分县（市）。这些县（市）玉米产量比重虽然不低，但低温冷害气候风险较低，很少发生严重低温冷害，因此玉米生产中低温冷害风险较小。

Ⅴ：玉米低温冷害气候-灾损无风险区。该区包括辽宁省的西部和中、南部县（市）。因为积温丰富、气温较高，发生低温冷害的风险性很小，因此尽管玉米比重较大，但就目前一熟制而言，即使栽培当前的玉米晚熟品种也很少发生低温冷害。总的来看，该区玉米低温冷害风险很低或根本不存在低温冷害风险。随着气候变暖，该区可以实行玉米—小麦两熟制，那时玉米低温冷害风险将提高，防御低温冷害损失会成为玉米生产的主要问题。

3.3.4　东北地区水稻低温冷害风险分析

（1）生长季内热量条件及其变异系数。水稻主要生长季5—9月的总热量资源可用5—9月平均气温之和（T_2）表示，东北地区的北部和东部其值低于85℃，热量条件较差，发生延迟型冷害的风险较大；中部地区多数县（市）在85～100℃之间，低温冷害风险属于中等；而南部和西南部，即辽宁大部在100℃以上，发生延迟型冷害的风险较小。

东北地区T_2的变异系数分布，吉林省东部、黑龙江省北部变异系数较大，均为0.03～0.04，水稻低温冷害风险较大；而吉林省西部及辽宁省大部在0.03以下，变异系数较小，发生低温冷害的风险性较小。

（2）水稻延迟型冷害发生的风险概率。东北地区水稻一般延迟型冷害风险概率计算结果表明，吉林省东部、黑龙江省北部为40%～50%，即从气候概率讲，每年发生一般冷害（减产10%左右）的可能性为40%～50%，风险较大；黑龙江省中部和东部以及吉林省中东部的吉林、辽源一带为20%～

40%；东北地区的中、西部松辽平原大部为10%～20%，低温冷害风险较小；辽宁省大部多在10%以下，很少发生低温冷害，风险性最小。

水稻严重延迟型冷害风险概率的地理分布特点是，黑龙江省北部和东部及吉林省的东部为20%～30%，风险性较大；黑龙江省中部，吉林省的吉林、辽源、通化市及长春北部为10%～20%，风险性居中；吉林省西部及辽宁省各地在10%以下，风险性较小，其中辽宁中部和南部基本不发生水稻严重低温冷害。

（3）水稻延迟型冷害风险指数。计算结果表明，黑龙江省的北半部和吉林省的东部水稻延迟型冷害风险指数大于1.4，属于延迟型冷害频发区，水稻生产气候风险很大；东北区东部半山区在1.2～1.4之间，延迟型冷害风险也较大；东北地区中部平原风险指数在1.0～1.2之间，风险不大；吉林省西部和辽宁大部风险指数小于1.0，很少发生水稻延迟型冷害。

（4）水稻障碍型冷害发生频率。东北地区水稻孕穗期低温冷害地理分布特点是，黑龙江省北部和吉林省东部在20%以上，障碍型冷害风险性较大；吉林省中、西部及辽宁省各地在5%以下，很少发生低温冷害，风险性很小。水稻开花期低温冷害频率的地理分布，黑龙江省北部和吉林省东部达到30%以上，障碍型冷害风险性较大；东北地区中部为10%～30%；辽宁省大部在10%以下，障碍型冷害风险较小。把发生水稻孕穗期障碍冷害年和开花期障碍冷害年统称为水稻障碍型冷害年，综合统计其发生频率，东北地区东部和北部达到50%以上，障碍型冷害风险较大；中部地区为25%～40%，南部在20%以下，障碍型冷害风险较小。

（5）水稻低温冷害发生的气候风险评估及分区。将水稻热量条件变异系数、延迟型冷害风险概率、障碍型冷害发生频率和低温冷害风险指数等各种冷害风险指标按等权重平均的方法综合，得到水稻低温冷害综合气候风险指数。按一定的风险指标界限，并考虑到地理和农业生态环境特点，进行水稻低温冷害气候风险分区。分区结果（图略），1区为水稻低温冷害高气候风险区，包括黑龙江省最北部和吉林省东部，低温冷害发生概率在60%左右；2区为水稻低温冷害较高气候风险区，包括黑龙江省北部和吉林省东部半山区，低温冷害发生概率为40%～60%，相当于两年一次低温冷害；3区为低温冷害一般气候风险区，主要是黑龙江省南半部，低温冷害发生概率为30%左右；4区为低温冷害较低风险区，包括吉林省中、西部和辽宁省东北部；5区为低温冷害低风险区或无风险区，主要是辽宁省大部。

（6）水稻低温冷害气候-灾损风险综合分区。在冷害气候风险分析的基础上，充分考虑水稻主产区分布，各地水稻年产量、播种面积比重及生产水平，进行水稻冷害气候和经济损失综合风险分析。东北地区水稻低温冷害气候-灾损风险分区结果如图3.5，各区特征如下：

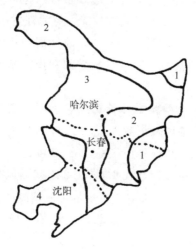

图 3.5　东北地区水稻低温冷害气候-经济损失风险分区

1区：水稻低温冷害气候-经济损失高风险区。该区水稻低温冷害发生概率高，灾害气候风险性大，是吉林省延边朝鲜族自治州水稻主产区和黑龙江省三江平原水稻产区的一部分。该区是山区，水稻总面积并不很大，但种植比例大，一旦发生冷害，会给当地农业经济造成极其严重的影响，如1993，1998和2003年延边朝鲜族自治州发生水稻障碍型冷害，减产50%以上，经济损失3亿多元。

2区：水稻低温冷害气候-经济损失较高风险区。该区水稻低温冷害发生概率较高，灾害气候风险较大，又是东北三个水稻主产区所在地，即三江平原佳木斯产区，黑龙江省南部五常产区和吉林省半山区的舒兰、永吉、梅河、柳河和通化水稻产区，水稻播种面积大，面积结构比例及单产都较高，如发生冷害，经济损失较大。

3区：水稻低温冷害气候-经济损失较低风险区。该区低温冷害发生概率不高，灾害气候风险不大，且水稻面积比例不大，区内仅有前郭、德惠等少数水稻主产县（市），较少发生水稻低温冷害，一旦发生低温冷害，经济损失也不大。

4区：水稻低温冷害气候-经济损失低风险区。该区气温高、积温多，很少发生水稻延迟型冷害或障碍型冷害，尽管辽宁省中部和西南部为水稻主产区，但水稻生产因低温冷害所造成的经济损失较小。

3.4 低温冷害的防御技术

导致农作物遭受低温冷害的原因，一方面是天气气候原因，即由于生育期气温的年际波动，出现低温年或短时期的异常低温；另一方面则是人为原因，即作物品种结构和生产措施不当所致。据此，防御低温冷害的主要技术措施是：充分认识气候规律，合理利用气候资源，依照当地的气候、土壤状况，搞好作物布局，合理安排适宜的作物品种，同时采取措施提高作物抗低温能力，减轻灾害损失。

作物低温冷害防御技术可以分为两大类：第一类是在作物播种前的防御技术，也称主动防御或战略防御技术，这类防御技术主要包括农作物结构优化配置技术、作物品种的合理搭配技术、选择适宜播种期等；第二类是在作物的生长过程中使用的技术，也称为应急防御技术，主要包括施用各种促进作物生长发育的化学药剂，以及在低温来临前采取有关的物理方法和栽培措施，以减轻低温对作物的危害。

3.4.1 低温冷害的主动防御技术

主动防御技术是在作物播种前采取战略防御措施，做到有灾防灾，无灾也能保证高产稳产，并能提高农作物的品质。主动防御技术主要包括作物、品种的合理搭配，适时早播和种子处理，地膜覆盖和育苗移栽技术等。

（1）作物和品种优化布局。作物结构配置和品种布局主要受气候条件的制约。高纬地区和高寒山区积温不足，应以耐冷的生育期较短的作物为主，若种植喜温高产作物，则容易造成冷害频繁，产量很不稳定。因此，一方面应熟悉当地天气气候特点和冷害发生规律，选择适宜的作物及其搭配比例，计划栽培，做到既充分利用当地气候资源，又避免发生低温冷害。另一方面，要根据农业气候资源确定各地区作物的合理布局，衡量地区气候条件对各主要作物的适宜程度，既要比较地区间的差异，又要作同一地区不同作物之间的对比，应本着相对择优的原则，确定每一地区的主栽作物或每个作物的主栽区，而后确定各地主要作物的种植比例。

作物品种的合理布局，实质上是根据地区的热量资源对各类作物品种所需热量的保证程度，确定主栽品种及搭配品种，而后确定不同品种的种植比例。以东北地区玉米种植为例，就其热量条件的年际变化看，同一地区的高温年和低温年≥10 ℃积温可相差300 ℃·d以上，也就是说在品种的选择上可相差1~2个熟型，如果我们种植单一的品种，那么高温年的热量就不能充分利用，而低温年玉米又不能完全成熟，造成减产。采用线性规划方法综合考虑当地热量条件的年际波动状况，以高产稳产为目标，计算不同熟型品种的种植比例，以实现充分利用热量资源、优化玉米品种结构、防御低温冷害的目的。就同一作物早、中、晚熟品种合理搭配来说，以中熟品种区为例，在没有把握提前预测生长季热量条件的情况下，可以按本地冷害发生概率和局地间的温度变化，大体以早、中、晚熟品种2:6:2或3:5:2或2:5:3搭配为宜。这样，遇暖年时有中晚熟品种夺高产；遇冷年时有早中熟品种保稳产。

（2）地膜覆盖技术。地膜覆盖具有明显提高地温的作用，同时可抑制土壤水分蒸发，在前期水分充足的条件下，有保水保温的作用。多方面研究证明，玉米地膜覆盖栽培是通过改善农田土壤生态环境条件来防御低温冷害和霜冻害的战略性措施之一，是一种有效的防灾减灾、增产增收的农业工程技术。田间试验结果表明，地膜覆盖可使耕作层（0～30 cm）土壤温度平均提高3～4 ℃，相当于增加生长季积温约250 ℃·d，玉米提早成熟半个月左右，采用偏晚熟品种后，约可增产40%，经济效益提高35%左右。

采用地膜覆盖栽培技术应考虑到其增产效果的地域变化。研究表明，在东北地区的北部和东部积温不足的地区，以粮食生产为目的的玉米地膜覆盖增产率约达35%～55%；东北地区中部多数县（市）增产率在20%左右；而东北地区南部在10%以下；就一熟制而言，辽宁省大部分县（市）无增产效果。

（3）加强田间管理，促进作物早熟。加强田间管理，改善农田生态环境，可以促进作物生长发育，提高其抗逆性能，从而保证作物以较快的速度顺利通过各个生育期，这是主动防御低温冷害的重要措施。对于玉米等旱田作物，要多施用有机肥，及时定苗、中耕、除草，提倡多铲多趟；后期要及时打底叶，清除田间地头杂草，改善农田通风透光条件，促进成熟。据测定，作物幼苗期深松深趟能提高地温1 ℃左右，促进小苗发根生长。对于水田，要注意控制水层深度，合理排灌，力求做到以水调温，促进生育，提早抽穗和成熟。这些田间管理措施既能提高地温、促进早熟，又能蓄水保墒、防旱防涝，而且能促进土壤养分的转化，有利于作物的生长生育和高产稳产。

（4）适时早播和种子处理。在土壤水分基本适宜的条件下，玉米等旱田作物应适时早播。适时早播的目的是抢积温，可以使作物出苗期提前，有利于作物早熟。

种子处理包括种子包衣和浸种等，可以改变种子的内部理化性状，提高其对低温和水分胁迫的承受力，提高出苗率，加快出苗速度，形成齐苗和壮苗，为作物后期生长提供良好的基础条件。

此外，科学试验和生产实践证明，旱田作物育苗移栽也是防御冷害、促进成熟、夺取高产的有效措施之一。

3.4.2 低温冷害的应急防御技术

（1）低温冷害的化学防控技术。已经监测和预测到作物已经发生低温冷害或很可能发生低温冷害后，可以施用促进生长的各种化学药剂，以促进作物生长，增强作物抗低温能力，使作物正常成熟，从而防御低温冷害，还可以达到有灾害则减轻灾害损失，无灾害也能起到促进生长和增产的目的。根据生态环境保护和绿色食品生产的要求，采用的化学药剂必须符合"无公害、无残留、无污染"的指标，并且对人畜无毒、无害、无副作用，没有直接、间接损伤和累积遗传损伤等。该类药物一般以生化营养物质氨基酸、肽类、维生素等为基质，配有作物生长发育必需的营养物质。该类化学药剂可显著提高功能叶片的叶绿素含量，调节作物生长阶段生化过程与周围环境的协调关系，提高光合作用速率，促进并加速能量传递和干物质积累，改善作物的产量结构性状。

在作物生长发育的不同阶段进行叶面喷施化学药剂是化学防控的主要措施之一。一般情况下，在玉米的三叶至七叶期以及玉米的开花至抽雄期，向玉米叶片喷施抗低温助长剂、叶面增温剂等化学药剂，能有效地减轻低温冷害所带来的危害，即使没有低温冷害发生，也能增加作物的光合作用速率，达到增产的目的。例如，当气温持续偏低，棉花生长发育延迟和贪青晚熟时，在吐絮中后期喷洒乙烯利，促进棉花提早吐絮和增加霜前花的作用非常明显；水稻、玉米等在抽穗开花至灌浆期间喷洒九二〇、增产灵、增温剂等效果也很好。

（2）低温冷害的应急田间管理方法。如果已经发现作物生长发育延迟，或贪青晚熟，必须加强后期农田管理，同时采取应急管理措施。对于玉米等高秆作物，可以采用抽雄期隔行去雄、秋季打掉底部叶片和去顶及蜡熟时果穗扒皮晾晒等措施。这些措施可以减少养分和能量消耗，改善农田小气候条件，促进作物成熟。如果发现水稻抽穗期偏晚，则后期就要少施氮肥，多施磷、钾肥，以防止贪青晚熟。

3.4.3 低温冷害防御技术的集成应用

低温冷害防御技术的集成应用是将多种低温冷害防御技术集成起来，将战略措施和应急技术综合应用，是防御低温冷害的综合技术。实际上，低温冷害的防御和其他农业灾害防御一样，是贯穿于产前和产中的经常性的农业生产管理工作，只有将宏观和微观、战略和战术措施相结合，效果才会更好。

　　低温冷害防御技术还可以看做是农业气象技术和栽培技术的结合。其中，农业气象技术包括低温气候预测，低温冷害的监测、预测和评估。无论是主动防御还是被动防御，都需要开展低温冷害的监测、评估和预警业务，通过天气气候和作物生长状况的监测和预测分析，判断作物是否发生或将来是否发生低温冷害，以及危害的程度和损失将如何，从而指导防御工作。栽培技术是在低温冷害监测和预测的基础上采取的具体防御行动，包括选品种、定播期、合理施肥、及时铲趟和促早熟等措施，也包括后期的防霜技术。将农业气象技术和栽培技术相结合，可以建立低温冷害气象-栽培综合防御体系。

第4章 东北地区低温冷夏的气候变化

东北地区包括辽宁、吉林、黑龙江三省及内蒙古自治区东部的赤峰市、通辽市、呼伦贝尔盟和兴安盟（原东四盟）所辖区，全区温度南北跨越寒温带和中温带两个气候带，土地总面积124.1万 km²，约占全国土地总面积的12.9%。东北地区北面与东面以国界为界；西界大致从大兴安岭西侧的根河口开始，沿大兴安岭西麓的丘陵台地边缘，向南延伸至阿尔山附近，然后向东沿洮儿河谷地跨越大兴安岭至乌兰浩特以东，再沿大兴安岭东麓南下，经突泉、至白音胡舒，然后沿松辽分水岭南缘，经瞻榆、保康，以下沿新开河、西辽河至东西辽河汇口处。这条界线以西的呼伦贝尔草原、大兴安岭南段与西辽河平原属温带半干旱草原景观，划归内蒙古自治区。东北地区的南界，即与华北地区的分界，大致从彰武经康平、昌图折向南，再经铁岭、抚顺、宽甸抵鸭绿江畔。简单来说，东北地区西有大兴安岭，东有长白山，北有小兴安岭，中部为松辽平原，东北部为三江平原。全区除西部与蒙古高原接壤，其余都为界江、界河及大海环绕，包括黑龙江、乌苏里江、图们江、鸭绿江、兴凯湖和渤海、黄海。区域内分布着两大水系，北部是流入黑龙江的松花江水系，南部是流入渤海湾的辽河水系。

东北地区在自然景观上表现出冷湿的特征，它的形成和发展，与它所处的地理位置有密切关系。东北地区是我国纬度位置最高的区域，冬季寒冷，纬度高固然是基本因素，但它的相关位置也有明显作用。它北面与北半球的"寒极"所在的东西伯利亚为邻，从北冰洋来的寒潮经常侵入，致使气温骤降；西面是高达千米的蒙古高原，西伯利亚极地大陆气团也常以高屋建瓴之势，直袭东北地区。因而本区冬季气温较同纬度大陆低10 ℃以上。东北面与素称"太平洋冰窖"的鄂霍次克海相距不远，春夏季节从这里发源的东北季风常沿黑龙江下游谷地进入东北，使东北地区夏季温度不高，北部及较高山地甚至无夏。本区是我国经度位置最偏东地区，并显著地向海洋突出。其南面临近渤海、黄海，东面临近日本海。从小笠原群岛（高压）发源，向西北伸展的一支东南季风，可以直奔东北。至于经华中、华北而来的变性很深的热带海洋气团，亦可因经渤海、黄海补充水汽后进入东北，给东北带来较多雨量和较长的雨季。由于气温较低，蒸发微弱，东北地区降水量虽不十分丰富，但湿度仍较高，从而使东北地区在气候上具有冷湿的特征。东北地区有着大面积针叶林、针阔叶混交林和草甸草原，肥沃的黑色土壤及广泛分布的冻土和沼泽等自然景观，都与温带湿润、半湿润大陆性季风气候有关。

东北地区耕地统计面积 2 171 万 hm²，占全国耕地总面积的 22.9%，是我国重要的商品粮基地，作物生长季热量波动振幅比较大，夏季低温冷害是该地区主要的农业气象灾害。人们对低温冷害的认识有一个过程。20 世纪 50 年代和 60 年代初，东北处于多雨时期，因雨涝减产是主要的。当时人们把低温寡照造成的减产，称为"哑巴灾"，实际上是受灾原因说不清楚的意思。1957，1969，1972 和 1976 年是我国东北地区的 4 个夏季低温年，热量明显不足，造成严重减产，其中黑龙江省平均减产 30% 以上，吉林省东部地区约减产 30%，辽宁省减产接近 20%，这引起了包括学术界在内的社会各界的广泛关注。20 世纪 70 年代末 80 年代初，在前期东北夏季低温冷害频繁发生的大背景下，由东北三省气象局、北京气象中心等单位协作研究了"东北夏季低温长期预报"课题，对低温产生的气候及环流条件及其长期预报，进行了许多研究，并且得出了许多有意义的结论。虽然 20 世纪 90 年代中期以来，随着气候的显著变暖，大范围的强低温冷害较少发生，但在不同地区不同程度的低温冷害仍威胁该地区的正常农业活动，特别是随着晚熟品种的大量推广使用，使得低温冷害对农业产量的影响更加突出，尤其是在高温年出现低温情况造成的损失更大。如，2002 年黑龙江省东部遭受了近 30 年未遇的严重低温冷害，冷害程度超过了历史上严重低温冷害的 1972 和 1976 年，与 1969 年相近。这次严重低温冷害造成黑龙江省东部的佳木斯附近地区水稻的空壳率达 30% 以上，而且生育期明显延迟，造成全省水稻平均减产 7%～8%，有的品种（系）抵御障碍型冷害的能力不强，出现了严重的空壳，空壳率甚至达到 70% 以上，损失严重。

进行东北低温冷害研究，很重要的是要了解东北夏季气温的历史变化以及东北夏季低温冷害产生的气候条件。低温冷害是农业气象的概念，如果研究低温冷害产生的气候条件，则转为天气、气候的范畴。事实上，低温是纯气象的概念，冷害则指农作物受害情况。也就是说低温是冷害的必要条件，冷害的减产必然有低温。本章及第 5 章主要阐述天气、气候范畴的东北低温冷夏现象。

4.1 东北地区气温变化

4.1.1 代表东北地区气温序列的定义

对我国东部 71 个站 1880—1950，1880—2004 和 1951—2004 年以及全国 160 个站 1880—2004 年夏季平均气温进行经验正交展开（EOF，Empirical Orthogonal Function）发现，这四个空间场 EOF 展开的第一特征向量（EOF$_1$）的空间分布均为全国一致，说明全国夏季气温变化以一致性为主要特点，东北地区发生低温冷夏时，很可能全国夏季气温也偏低；第二特征向量（EOF$_2$）的空间分布在我国东部大体为"＋－"分布，即黄河以北与黄河以南为反相分布（只有我国东部 71 个站 1880—1950 年夏季平均气温 EOF$_2$ 空间分布与黄河以南为同相分布，与中间地区为反相分布）；第三特征向量（EOF$_3$）的空间分布为"＋－＋"分布，即东北地区与华北地区反相分布。由此可以看出，从全国尺度上来说，1880 年以来东北地区夏季气温的一致性很好。

为了得到代表我国东北地区夏季平均气温序列，单独对我国 115°E 以东、35°N 以北的范围内 19 个台站 1880—2004 年夏季平均气温距平进行 EOF 展开，得到如图 4.1 所示的 EOF$_1$ 和 EOF$_2$ 的空间分布图。EOF$_1$ 和 EOF$_2$ 的解释方差分别为 49.4％和 20.2％，累积方差为 69.6％，可见 EOF$_1$ 和 EOF$_2$ 体现了东北夏季气温变化的大部分特征。其中从 EOF$_1$ 的空间分布图可以看出，东北三省，内蒙古自治区中、东部以及华北北部夏季气温变化有很好的一致性，变化中心位于吉林省东部。EOF$_2$ 则反映了东北地区与内蒙古中部及华北的反相变化特征，其中东北地区的变化中心位于东北北部地区。该结果与前人的研究成果较为一致。选择位于 EOF$_1$ 和 EOF$_2$ 变化中心的东北地区的 10 个站（见图 4.1 中的黑点），分别是海拉尔、齐齐哈尔、哈尔滨、牡丹江、林东、通辽、长春、延吉、沈阳、朝阳，用这 10 个站的平均（以下简称 T_{10}）代表东北地区。

用 T_{10} 序列与王绍武等（1999）的东北地区 6 个站（海拉尔、齐齐哈尔、哈尔滨、牡丹江、佳木斯、沈阳）的夏季气温距平序列求相关，得到两条序列的相关系数为 0.878；与 CRU（Climatic Research Unit，http：//www.cru.uea.ac.uk/cru/data/temperature/）夏季气温距平序列（对 41.25°~49.75°N，119.25°~130.25°E 范围内的格点求平均）的相关系数为 0.948。相关系数均如此之高，说明用东北地区处于变化中心的 10 个站组成的夏季气温序列 T_{10}，

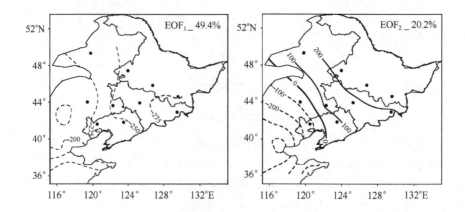

图 4.1　115°E 以东、35°N 以北范围 19 个站 1880—2004 年夏季气温距平的 EOF_1 和
EOF_2 空间分布以及组成 T_{10} 序列的 10 个站位置示意图

来代表东北地区进行东北低温冷夏的分析，无论是从历史沿袭角度，还是从它的代表性来看，都是完全可行的。以下将以该序列为基础，进行气候诊断分析。

4.1.2　东北地区气温变化的基本特征

4.1.2.1　东北地区年及四季气温变化特征

以 T_{10} 序列中的 10 个站为标准，计算了 1880—2004 年春、夏、秋、冬各季及年平均气温，距平变化如图 4.2 所示。

由图 4.2 可见，1880 年以来，我国东北地区年平均气温和四季平均气温均呈现增温趋势，且趋势系数均通过 0.01 显著性检验。

从年平均序列来看，东北地区近百年升温趋势十分明显，进入 20 世纪 80 年代以后升温最为剧烈。125 年来气温为起伏式上升：19 世纪 80 年代气温偏低比较明显，从 19 世纪 90 年代开始气温增至平均值以上，20 世纪初为近125 年来的最冷期，20 世纪 40 年代才达到并略超过平均值。至 20 世纪 50 年代末，气温正负波动较大，其中 20 世纪 50 年代中后期出现明显的低温时段，此后至 20 世纪 70 年代中期，气温在均值附近波动，而后再次升温。近 125年来，东北地区年增温速率为 0.12 ℃/(10a)。

冬季是一年四季中升温最显著的季节，125 年来增温速率达到 0.21 ℃/(10a)。19 世纪 80 年代至 20 世纪 50 年代末，冬季气温以负距平为主。20 世纪 60 年代开始，冬季气温开始上升，其间 20 世纪 70 年代左右出现了 5 年左右的相对冷期，而后持续升温。尤其是 20 世纪 80 年代中期以来冬季升温趋势十分

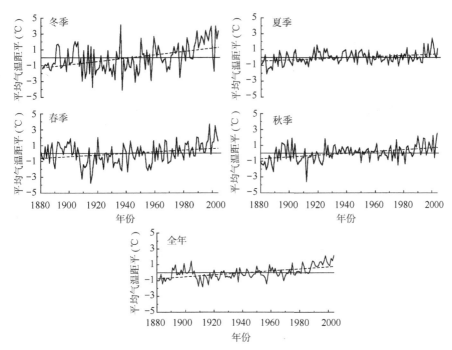

图 4.2　1880 年以来东北地区冬、春、夏、秋季及年平均气温距平变化图

明显，与年平均气温变化较一致。

在一年四季中，升温趋势排在第二位的是秋季，近 125 年来增温速率为 0.11 ℃/（10a）。1880 年以来，东北地区秋季气温出现了三个暖期，分别是：19 世纪 90 年代至 20 世纪头 10 年中期、20 世纪 20 年代中期至 20 世纪 40 年代末以及 20 世纪 80 年代初至 2004 年；同时出现了两个冷期，分别是 19 世纪 80 年代以及 20 世纪头 10 年中期至 20 世纪 20 年代中期。

春季增温趋势稍弱于秋季，近 125 年来增温速率为 0.10 ℃/（10a）。1880 年以来共有三个暖期，分别为：19 世纪 90 年代至 20 世纪头 10 年中期、20 世纪 40 年代中前期至 20 世纪 50 年代初以及 20 世纪 70 年代中期至 2004 年。而持续时间稍长、较明显的冷期只有一个，即 20 世纪头 10 年中期至 20 世纪 30 年代末。

夏季增温趋势是四季中最弱的，增温速率仅为 0.07 ℃/（10a）。夏季气温变化最明显的特征是有两个暖期、两个冷期。暖期分别是 20 世纪 20 年代的相对暖期、20 世纪 90 年代中期以来的持续增暖期；两个冷期分别是 19 世纪 80 年代至 20 世纪 10 年代中期，以及 20 世纪 50 年代初至 20 世纪 90 年代中前期的相对冷期。

从年代际变化来看，年平均气温从 20 世纪 70 年代以来始终维持偏高态势，尤其是 2001—2004 年这 4 年以及 20 世纪 90 年代，年平均气温距平值大于 1 ℃；而 19 世纪 80 年代和 20 世纪头 10 年平均气温偏低较明显，气温偏低幅度超过 0.5 ℃。东北地区冬季平均气温在 20 世纪 90 年代最高，高出百年均值 2.4 ℃，其次是 2001—2004 年这 4 年，平均气温距平值接近 2 ℃；而 20 世纪 10 和 20 年代，以及 19 世纪 80 年代冬季气温均较低，偏低幅度在 1 ℃ 以上，距平值分别为 −1.14，−1.1 和 −1.07 ℃。春季平均气温在 2001—2004 年的近 4 年最高，高于百年均值 2.36 ℃；其次是 20 世纪 90 年代，气温距平为 1.24 ℃，而 20 世纪 10 年代气温最低，距平为 −0.88 ℃。夏季平均气温，最暖的是 2001 年以来的 4 年，距平值为 0.65 ℃；次暖的是 20 世纪 90 和 20 年代，气温距平值分别为 0.49 和 0.25 ℃。而 19 世纪 80 年代最冷，距平值为 −0.96 ℃；其次是 19 世纪 90 年代，距平值为 −0.34 ℃。秋季平均气温，最暖的是 2001 年以来的 4 年，距平值为 1.31 ℃；次暖的为 20 世纪 90 年代，气温高于百年均值 0.70 ℃。秋季最冷的为 19 世纪 80 年代，低于百年均值 1.3 ℃；次冷的为 20 世纪 10 年代，距平值为 −0.68 ℃。具体见表 4.1。

表 4.1　1880—2004 年各年代四季及年平均气温距平　　　　单位：℃

年代	冬季	春季	夏季	秋季	年
1880s	−1.09	−0.08	−0.95	−1.30	−0.85
1890s	−0.05	1.01	−0.33	0.35	0.24
1900s	0.21	−0.18	−0.32	−0.42	−0.18
1910s	−1.15	−0.88	−0.03	−0.68	−0.69
1920s	−1.12	−0.33	0.26	−0.36	−0.39
1930s	−0.64	−0.65	−0.05	0.38	−0.24
1940s	−0.87	0.09	0.24	0.06	−0.12
1950s	0.06	−0.64	−0.19	0.05	−0.18
1960s	−0.35	0.22	−0.17	−0.11	−0.10
1970s	0.39	0.21	−0.22	0.06	0.11
1980s	1.09	0.93	−0.03	0.33	0.58
1990s	2.39	1.24	0.50	0.70	1.21
2000s	1.96	2.35	0.66	1.31	1.57

注：标准值为 1901—2000 年

4.1.2.2　东北地区气候变暖趋势

东北地区地处中高纬度地区，是近 20 多年来全球气候变暖的显著区域，与中国、全球近百年来变暖趋势相比，东北地区远远高于全球平均和全国平均。

（1）东北地区与全球气候变暖的异同。20 世纪 80 年代以后，全球气候变化已成为人类社会最为关注的全球性重大问题。人类活动排放的温室气体特别是 CO_2，在大气中的浓度已超出了过去 40 万年间的任何时候。有足够的证据表明，由于 CO_2 等温室气体增加，在过去的 100 多年里，尤其是最近 50 年中，全球气候正在发生急剧变化。全球变暖常常被误解为全球不同地区的均一变暖。事实上，温室效应引起的气候变暖并不是均匀的，而是高纬升温多，低纬升温少，这种变化必然造成气候的调整，如美国阿拉斯加的北极地区在过去 20 年里上升了 2～2.8 ℃。在亚洲，1960—1990 年平均气温与 1930—1960 年相比，大部分地区温度升高，西伯利亚升温最多，超过 1 ℃。

与全球年平均气温增温速率相比，东北地区的增暖幅度也远远大于全球平均，足见东北地区所处的中高纬地区是全球气候变暖的显著区域。据 IPCC 第四次评估报告（http：//www.ipcc.ch/spm2feb07.pdf，2007）中所说，自从 1850 年有器测资料以来最暖的 12 年中，1995—2006 年占了 11 个。1906—2005 年 100 年的年平均气温的线性趋势是 0.74 ℃（0.56～0.92 ℃）/(100a)，过去 50 年线性趋势几乎是过去 100 年线性趋势的 2 倍(0.13(0.10～0.16)℃/(10a))。我国东北地区 1906—2004 年近 100 年年平均气温的线性趋势是 2.0 ℃/(10a)，且近 54 年来我国东北地区年平均气温增温速率接近全球增温速率的 3 倍，达 0.36 ℃/(10a)，其增温幅度远远高出全球平均增温趋势。

（2）东北地区与我国大陆气候变暖的异同。研究表明，和全球变化一样，我国 20 世纪近百年也在变暖。为了分析我国温度变化，比较了现在能找到的 4 个序列，这些序列的分析方法及使用资料均有不同，特别由于我国 20 世纪前 50 年缺少观测资料，因此 4 条曲线在前 50 年的差异较大。其中第 1 个序列是根据 IPCC 报告经常采用的全球站点转换成网格点资料取出中国区域计算的序列，第 2 个序列是根据仪器观测资料和代用资料计算的序列（简称 WG），第 3 个序列是根据仪器观测的最高、最低温度计算的温度序列，第 4 个序列是根据中国的器测资料建立的序列。几个中国气温序列之间的相关系数为 0.76～0.90，说明一致性还是比较高的。从 4 个序列计算得到的 20 世纪 100 年（1900—1999 年）气温变化的线性趋势分别为 0.35，0.39，0.72 和 0.19 ℃/(100a)；20 世纪后 50 年（1950—1999 年）分别为 0.73，0.77，0.92 和 0.64 ℃/(50a)。根据 WG 的补充资料及"十五"科技攻关课题建立的序列，近百年气温线性变化趋势在 0.2～0.8 ℃/(100a)之间。需要强调指出的是 1950—1999 年气温线性变化趋势更高一些，达到 0.6～1.1 ℃/(50a)。4 个序列的主要差异是在前 50 年。由于那一段时期我国的观测台站资料太少，不同的科学家采用了不同方法来插补和重建。有的用了代用资料，因此覆盖面较大。有的只用观测资料，1951 年之前以我国东部为主。所以，不同序列之间有一定差异是可以理解的。但是 4 个序列均证实我国近百年确实在变暖，尤以近 50 年变暖更明显。

根据 WG 序列，20 世纪我国的暖期出现在 20—40 年代，从 50 年代开始气温明显下降，直到 70 年代末至 80 年代初才恢复到接近平均，80 年代末至 90 年代才显著回升。1880—1996 年的气温曲线，线性增温趋势为 0.44 ℃/（100a）。由于 21 世纪以来气候变暖仍在持续，我国的线性增温趋势会更高。而我国东北地区与我国大陆的显著差别就在于，20 世纪 20—40 年代虽说处在升温期，但由于前期温度偏低明显，气温大多在均值以下；同时由于前期温度较低，最近 20 年气温升温又很显著，使得东北地区年平均气温线性增温趋势远远高出我国平均增温水平，即 125 年来（1880—2004 年）平均气温增暖趋势 1.2 ℃/（100a）。

1951—2004 年期间，我国大陆地区年平均气温变暖幅度约为 1.3 ℃，增温速率接近 0.25 ℃/（10a），比全球或半球同期平均增温速率高得多。全国大范围增暖主要发生在近 20 余年。冬季增温速率高达 0.39 ℃/（10a），春季为 0.28 ℃/（10a），秋季为 0.20 ℃/（10a），夏季增温速率最小，但也达到 0.15 ℃/（10a）。我国东北在 1951—2004 年的 54 年期间，年平均气温及四季平均气温的增温速率均超过我国大陆平均增温速率，其中年平均气温线性增温速率为 0.36 ℃/（10a），冬、春、秋和夏分别为 0.56，0.49，0.23 和 0.17 ℃/（10a）。四季中，冬、春两季增温速率远远超出全国平均水平。据研究，我国 20 世纪 80 年代初期开始的明显增暖主要表现在冷季，但进入 20 世纪 90 年代以来夏季增温也日趋明显，从这一点上来说，东北地区与全国平均状况相一致。

4.2 东北地区夏季气温变化

4.2.1 东北地区夏季气温的平均气候特征

东北地区夏季气温的分布形势与东北地区地形分布非常相似，即中部气温高、东西两侧气温低，高温中心位于辽东半岛的朝阳，近 54 年夏季平均气温为 23.6 ℃；低温中心位于大兴安岭山脉的图里河，夏季多年平均气温为 14.7 ℃。东北地区温度场的纬向梯度明显大于经向梯度，相同经度上，南北温度最大差异可达 7～8 ℃。

从逐月变化来看，7 月份东北地区气温最高，8 月份次之，6 月份最低。东北北部与南部相比，平均气温的月际变化更加明显，变化快且振幅大。东北北部（47°N 以北）和长白山 6 月份和 7 月份相比，温度差异在 3 ℃左右，其他地区的温度差异在 2 ℃左右。而 6 月份和 8 月份相比，东北北部地区温度没有明显差异，长白山区温度差异在 2 ℃ 左右，其他地区温度差异在 1 ℃左右。

由此可见，地形分布及纬度差异是东北地区平均气温分布特征的决定性因素，特别是地形的影响，但两大地形所起的作用并不完全相同。

4.2.2　东北地区夏季气温的平均气候变率分析

由平均场来看，温度场的分布受纬度和地形的影响很大，为研究其气候变化特征，对东北地区各站夏季气温求均方差。均方差场反映了温度的绝对异常分布，其高值区代表温度异常相对较强的区域。

夏季东北地区西部有一个近于东北—西南向的均方差高值轴，其变率中心位于黑龙江、吉林和内蒙古交界地带的大兴安岭山脉，另一个标准差高值区位于长白山山脉东北部，也就是吉林东部及黑龙江南部。这些区域是东北地区气温年际变化最为显著的地区。夏季气温变化相对较小的地区位于辽东半岛。

从逐月变化来看，6 月份的方差最大，7 和 8 月份次之。这应该是由于 6 月是夏季的开始，也是由冬季型环流向夏季型环流过渡的月份，来自极地的冷空气势力仍可以不断入侵，同时来自南方的暖湿气团异常活跃，使得 6 月份气温变化较大。

4.2.3　东北地区夏季气温变化的时空特征

（1）东北地区夏季气温场的经验正交展开。对我国 115°E 以东、35°N 以北范围内 19 个台站夏季气温距平进行了 EOF 展开（见图 4.1），空间分布图可以充分说明东北地区夏季气温除有区域整体变化特征外，又存在区域差别。EOF$_1$ 的空间分布特点是全区一致，且变化中心位于东北地区东部，其解释方差为 49.4%，是东北地区夏季气温异常最主要的空间分布形势，也就是说我国东北夏季气温变化的一致性非常好。EOF$_2$ 的解释方差为 20.2%，空间分布特点反映出东北地区大部与东北地区西南部、华北地区反相的特征。第三特征向量西北与东南反相变化的特征（图未给出），即黑龙江省东南部、吉林省东部、辽宁省东部与其他地区反相变化，其解释方差为 7.7%。

（2）东北地区夏季气温变化速率的空间分布特征。为了解东北地区夏季气温变化的地域差异，计算了我国 115°E 以东、35°N 以北范围内 19 个台站夏季平均气温的趋势变化速率（图 4.3）。从图 4.3 可见，125 年来东北夏季气温以普遍增暖为基本特征，且东北三省的多数台站增暖趋势通过了 0.01 显著性检验，同时，增暖速率普遍由南部向北部增加，增暖速率普遍在

0.1℃/（10a）以下。其中，黑龙江省的哈尔滨和牡丹江增温速率最大，达 0.1℃/（10a）；内蒙古东部增温速率较小，林东基本维持不变；而内蒙古东部的多伦甚至出现降温的趋势，这应该与局地气候有关。

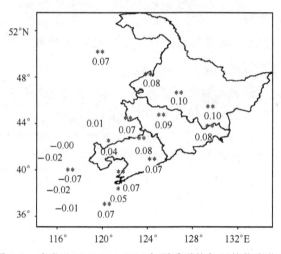

图 4.3 东北地区 1880—2004 年夏季平均气温趋势变化速率

单位:℃/（10a）；＊＊代表该站变化趋势通过 0.01 显著性检验，＊代表通过 0.05 显著性检验

4.3 东北低温冷夏年的气候指标

前人进行东北低温冷害的天气气候分析研究中，由于资料限制，研究对象大多是从 1951 年以后的 30～40 年间发生的东北低温冷害（夏），且每位作者对东北低温冷害（夏）的气候指标定义都不尽相同。归纳起来，有如下几种定义：

（1）原北厚（1981）：以夏季三个月平均气温距平和为冷夏的指标，规定三个月平均气温距平和≤-1.3℃为冷夏年。

（2）丁士晟（1980）：把 1949—1978 年 30 年间的 5—9 月气温和为负距平的年份，按距平绝对值大小进行排列，并用最优二分割法，把距平为-1.3℃或者 5—9 月积温减少 40℃·d 作为东北地区低温冷害的临界指标；把东北地区 5—9 月气温和的距平为-4.1℃定为严重低温冷害年。

（3）孙玉亭（1999）：作者认为东北地区冷害类型以延迟型冷害为主，这种类型的冷害一方面引起作物分蘖减少，叶面积增长慢，降低群体生产能力；另一方面又延迟发育，致使作物不能在秋霜前正常成熟，粒重降低。他认为在 5—9 月生长季月平均气温距平和（ΔT_{5-9}）相同的情况下，随着不同地区生长季各月平均气温总和的多年平均值（$\overline{T}_{5-9}$）的高低，其减产程度是不同的，即 $\overline{T}_{5-9}$ 高的地方比低的地方减产较少。因此所定义的粮豆作物延迟型冷害指标随着 $\overline{T}_{5-9}$ 不同而改变，如表 4.2 所示。

表 4.2　孙玉亭定义的粮豆作物延迟型冷害指标　　　　单位：℃

$\overline{T}_{5-9}$	80	85	90	95	100	105
一般冷害	−1.1	−1.4	−1.7	−2.0	−2.2	−2.3
严重冷害	−1.7	−2.4	−3.1	−3.7	−4.1	−4.4

（4）李若钝（1983）：以黑龙江省各测站夏季平均气温为主要依据，规定距平低于−0.8 个标准差为冷年。

（5）周立宏等（2001）：根据沈阳、长春、哈尔滨三城市的逐日气温资料和东北地区的水稻产量资料，分别计算出 1951—1995 年每年各市 5—9 月≥10 ℃活动积温距平以及东北地区的水稻年景指数。

$$年景指数 = \frac{实际产量}{趋势产量} \times 100$$

应用统计分析软件 SPSS 对东北地区 5—9 月≥10 ℃积温距平和水稻年景指数做快速聚类，将 1951—1995 年共分成 4 类，第 1 类是严重低温冷害年，共有 4 个；第 2 类是轻微低温冷害年，共有 8 个。

（6）王敬方等（1997）：利用全国 1951—1990 年 40 个夏季气温资料作 EOF 展开，再选取前 5 个主分量作极大方差的正交旋转，构造了一个正交的旋转主分量，并以它作为东北地区夏季气温变化的指标，大致以−1 ℃为气温临界指标确定了东北冷夏年。

（7）王绍武等（1999）：在研究 1880—1997 年东北严重低温冷害时，采用夏季气温距平绝对值达到 1.3 个标准差，相当于夏季气温距平低于−0.7 ℃时，为严重低温年。

以上这些定义由于所用指标（如 5—9 月平均气温、夏季平均气温距平、夏季三个月平均气温距平和等）、资料长度、资料的空间范围不同，所以得到的东北低温年必然不尽相同，具体如表 4.3 所示。从表 4.3 可以看到，这些东北低温年的气候指标的定义都遵循一个原则：历史上对于粮食产量造成较大影响的年份，都需确定为低温年，如 1957，1969，1972 和 1976 年等年份。换句话讲，就是根据所确定的低温年气候指标看这些年份是否为低温年，来判断该气候指标是否合理。

同样，由于资料长度、东北夏季平均气温序列（T_{10}）的台站构成等因素的不同，实际应用中不能够照搬以上的任何一个对东北低温冷夏的气候指标，需要重新定义。

表 4.3　不同气候指标得出的东北低温冷害(夏)年(*)和严重低温冷害(夏)年(**)

年份	本案	原北厚	丁士晟	孙玉亭	李若钝	周立宏等	王敬方等	王绍武
1880	**							
1881	*							*
1884	**							**
1885	**							*
1886	**							*
1887	**							
1888	**							*
1890	*							
1892	**							*
1895	**							*
1896	**							
1901	*							
1902	**							**
1908	*							
1911	*							*
1913	**							*
1934	*							
1945	*							
1947	*							
1953				*		*		
1954	*			**		*	*	
1956	*			*	*			
1957	**			**	*	**	**	**
1960			*	*		*		
1962								
1964	*	*	*	*	*			
1965						*		
1966								
1969	**	*	*	**	*	**	**	*
1971				*		*		
1972	*	*	*	**	*	**	**	
1973						*		
1974								
1976	**	*	*	**	*	**	*	**
1979								
1980								
1981			*	*				
1983	*	*	*	*			**	
1985								
1986				*		*		
1987				*				
1992	*					*		
1993	*							
1995						*		

联合国世界气象组织（WMO，World Meteorological Organization）曾规定把距平达到 2 倍标准差（2σ）的事件称为异常，若以此为标准，则东北的低温冷害年份过少。实际上，当东北地区夏季气温距平没有低到 2 倍标准差时，对当地的农业生产就已经造成了严重危害，比如 1957，1969 和 1976 年，东北地区夏季气温距平分别为 -1.05，-1.03 和 -1.14 ℃，但我国东北粮食平均减产 20%～30%。因此根据实际情况，以 T_{10} 序列为基础，我们确定夏季气温距平低于 -0.63 ℃（标准值为 1901—2000 年，大体上相当于 0.9σ）时，为低温冷夏年；而夏季气温距平低于 -1.0 ℃（标准值为 1901—2000 年，大体上相当于 1.5σ）时，为严重低温冷夏年。根据该指标得到的东北低温冷夏年见表 4.3"本案"列。

从表 4.3 可以看出，本研究所确定的东北低温冷夏年与前人确定的东北低温冷夏年出入不大。尤其在历史上造成农业严重减产的年份，均一致。

据此，东北地区 125 年来，共发生 29 次低温冷夏年，频率为 23.2%；严重低温冷夏年共有 14 次，频率为 11.2%。在 1880—1950 年期间，共发生 19 次低温冷夏年，频率为 26.8%；在 1951—2004 年期间，共发生 10 次低温冷夏年，频率为 18.5%。

4.4　近百年东北低温冷夏的年代际变化

4.4.1　东北地区夏季气温变化的周期性

众所周知，气候变化含有多种时间尺度，在时域中存在着多时间尺度结构和局部化特征，而在频率中表现为不同显著性水平的周期振荡。因此，除了需要研究东北夏季气温序列的平均周期外，还需要揭示周期变化的局部特征。由于小波分析方法在时域与频域同时具有良好的局部性，并且可对信号进行时空多尺度分析，可以聚焦到所研究对象的任意微小细节，从而特别适合将隐含在时间序列中各种随时间变化的周期振荡清楚地显现出来。

图 4.4 左图为 1880—2004 年东北夏季气温序列 T_{10} 的小波分析，右图为功率谱图。从图中可见，东北夏季气温的年代际周期普遍没有通过显著性检验，而只有 8 年以下的年际周期在一些时段通过了显著性检验，如：1890—1905 年的 2～8 年、1915—1923 年的 2～4 年、1940 年前后的 5～7 年、1940—1962 年的 2～5 年以及 1975—2000 年的 2～7 年。从这些通过显著性检验的频域上看，1895—1905 年的 4～8 年、1940 年前后的 5～7 年以及 1985—

2000 年的 3～5 年的周期振荡能量较大。总体平均来看（图 4.4 右图），1880—2004 年东北夏季平均气温在 2～6 年尺度上通过了 95% 的红噪声检验。

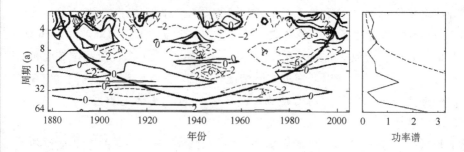

图 4.4　东北地区夏季平均气温距平的 Morlet 小波图（左）及功率谱图（右）

4.4.2　东北地区低温冷夏的群发性特点

虽说东北地区夏季平均气温通过小波分析检测后，所得到的显著周期只是年际周期，但从东北夏季平均气温序列 T_{10} 的变化曲线上可以看到，在 1880—2004 年期间，东北地区经历了冷期—暖期—冷期—暖期的过程。也就是说，近百年东北夏季气温的变化是由几十年的波动、显著年际周期以及短期波动共同叠加而产生的。从图 4.5 东北夏季平均气温累积距平曲线可见，从 19 世纪 80 年代开始至 20 世纪 10 年代中期，东北夏季气温累积距平曲线呈波动下降的倾向，称为第一冷期；20 世纪 10 年代中期至 20 世纪 50 年代中前期，东北夏季气温累积距平曲线呈波动上升的倾向，称为第一暖期；20 世纪 50 年代中期至 90 年代中前期，气温再次出现波动下降的倾向，称为第二冷期；而从 20 世纪 90 年代中期以后，东北夏季气温持续上升，为第二暖期。

第一冷期是东北低温冷夏发生最频繁的时期。在 1880—1915 年这 36 年间，共发生低温冷夏 16 次、严重低温冷夏 11 次，相当于不到 2～3 年就发生一次低温冷夏，3～4 年就发生一次严重低温冷夏。近 125 年来几乎有超过一半以上的低温冷夏和近 80% 的严重低温冷夏发生在这 36 年间。第二冷期也是东北低温冷夏发生较多的时期。在 1954—1993 年的 40 年间，共发生低温冷夏 10 次，严重低温冷夏 3 次，也就是说近 125 年来超过 1/3 的低温冷夏发生在这 40 年中。近 125 年来，近 90% 的低温冷夏和全部的严重低温冷夏发生在这两个冷期中，是低温冷夏发生的集中期。

而在两个暖期中，由于气温呈波动上升，期间也出现较短时段的气温下降现象，如 1934—1947 年就是位于第一暖期中的较冷时期，在这 14 年间，发生了其余的 3 次低温冷夏。

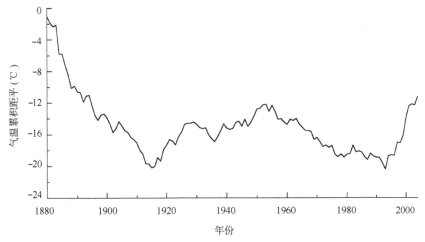

图 4.5　东北夏季平均气温累积距平曲线

由此可以看出，在冷的大背景下，东北低温冷夏年发生频繁，且严重低温冷夏年也较易发生；而在暖的大背景下，东北一般不会发生严重低温冷夏现象，同时低温冷夏年发生频率也较低，即使发生也是发生在气温下降的小波动中。

另外，为了检测 125 年东北夏季气温的突变，采用 Mann-Kendall 检验方法进行了检验。Mann-Kendall 检验方法与其他方法相比，其优点在于检测范围较宽，人为因素较少，定量化程度较高，但这种方法不适宜多个变点的情形。因此将 125 年的夏季气温分为两个时段（1880—1950 年及 1951—2004 年）分别进行检验，以突出每个时段内的气候突变。经检验，125 年来东北夏季气温 T_{10} 序列有两个突变点，一个位于 20 世纪初，另一个位于 20 世纪 90 年代中前期。与前面的累积距平曲线分析结果相差不大，尤其是后一个突变点比较统一。

4.4.3　中国东北地区夏季低温与全球气温异常

大家知道，东北夏季低温的出现是大尺度环流异常的结果，它与全球气温异常有密切的关系。自 20 世纪 50 年代以来出现低温冷害的年份，恰好是我国一些地区和世界不少国家发生异常天气的年份，比如东北夏季低温较严重的 1972 年，我国不少地区出现长时间大旱，有的地方出现大涝，农业大幅度减产。在这一年，世界上大旱、大涝、严寒和酷热不仅涉及地区多、范围广，而且持续时间长，为历史罕见：苏联西伯利亚北部出现 45 年以来最低气温；北大西洋冰山异常多，在 2—9 月期间，历年平均有 207 座冰山，1972 年为 1 587 座，为历年平均的 7 倍多。再比如，1976 年也是东北夏季低温较严重的年份，夏季以后全球很多地区温度偏低，出现持续低温，很多地区的平均气温达到 20 世纪 70 年代的最低点，美洲大陆东部 1976—1977 年的冬季是近百年来最冷的冬季之一。

东北地区夏季严重低温在时间和空间上都是一种大尺度的现象，东北地区夏季低温时，负温度距平的分布不是一些孤立的小系统，而是一些范围在几十个经纬度的负距平区域，具有长波和超长波的尺度。东北地区夏季低温正是这些大尺度温度距平区域中的一部分。正常年份，中高纬度一般温度系统的尺度在 30~40 个经度以上，而气温异常年，系统的尺度就大到 70~80 个经度，甚至 100 个经度以上。历史上东北出现的低温冷夏年，如 1957，1972，1976 和 1993 年，全球中高纬度气温负距平区域达 100 个经度左右。用 1969，1972 和 1976 年这三个冷夏年分析得出，东北冷夏年全球温度分布偏于经向，南北热量交换大，极地与中高纬温度波的位相一致；在研究 1972 年东北夏季低温的演变和形成过程中，发现东北夏季温度与前期欧洲地区的温度状况有一定的关系，冷夏时，欧洲前冬偏冷，冷夏前期的南北温度梯度表明一个能量累积到释放的过程，使冷夏时南北热量交换加大，极地冷空气影响比暖夏时偏南。

用 T_{10} 序列与北半球各地温度进行相关分析（图 4.6），可以看到，在欧亚大陆和北美大陆上，相关系数以正相关为主，大相关系数的分布在南北方向上大致可以分成几个带，它们是北极带、北半球中高纬度带、热带和副热带。从纬圈平均相关系数的经向分布上，可以反映各个带平均相关系数的差异：在全球范围内与东北夏季温度相关最大的区域主要分布在北半球的中高纬度和热带副热带地区，其他地区相关系数都很小，没有通过 0.05 显著性检验。具体相关系数分布如下：

（1）70°~80°N 北极带与 T_{10} 相关性较弱，从新地岛、乌拉尔山到贝加尔湖以西一带，为弱的负相关，100°~160°E 这一地区是弱的正相关。也就是说，当我国东北地区夏季出现低温时，新地岛、乌拉尔山到贝加尔湖以西一带温度相对略偏高，同时极地冷空气偏向东半球。

（2）30°~60°N 的北半球中高纬度带大陆气温与 T_{10} 以正相关为主，只出现一块负相关区，位于乌拉尔山以南至里海一带。除了这个地区外，正相关共有 3 个大值中心区，它们都超过 0.05 的显著性检验。它们的位置在：①亚欧大陆的东半部，相关系数中心最大值达 0.95，这个正相关区无疑应该以中国东北地区为中心；②北美的东半部，相关系数中心最大值为 0.25；③西欧的地中海地区，正相关中心值也达到 0.25。

这种相关系数场的分布，反映了上面所说的温度场的长波和超长波特征。

在中、高纬度带，正相关系数最大的区域位于两个大陆的东部，即北美东岸和亚洲东岸的温度同时偏低出现的几率很大，而与东北夏季温度反相变化的区域主要出现在两个大洋上，一个位于阿留申群岛以南，该区域向南沿北美西岸伸展；另一个位于 60°N 的格陵兰岛以南的大西洋上。可以看出，两对最大正、负相关区的配置是与两对大陆和海洋的分布相对应的，显然温度场的分布与海陆分布有着密切的关系。

（3）20°N 以南的副热带地区和热带地区，这里最明显的就是赤道的 Nino3 区（150°～90°W）的负相关区，最大负相关中心值达 −0.27，通过了 0.05 的显著性检验。

由此可见，中国东北地区低温冷夏不是一个局地现象，而是一个大尺度环流异常的结果，它是全球大气与海洋异常的结果。

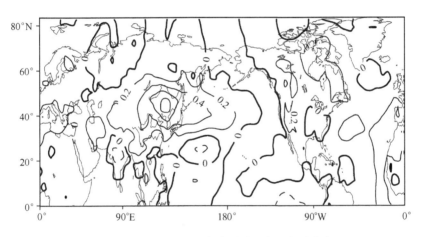

图 4.6   东北地区夏季 T_{10} 序列与北半球夏季温度的相关分布（1901—2002 年）

4.5   近百年东北低温冷夏的地理分布

4.5.1   东北低温冷夏发生频率空间分布

根据上述东北地区低温冷夏的指标，对 1880—1950 年及 1951—2004 年的 35°N 以北、115°E 以东范围内的各站，计算了低温冷夏的发生频率，其分布如图 4.7 所示，在 1880—1950 年期间，东北地区低温冷夏的地理分布在内蒙古东部地区呈明显的经向型、而东北三省则呈明显的纬向型分布，即西低东高、南低北高型，其中大值区位于辽宁北部、吉林、黑龙江，发生低温冷夏的频率普遍在 40% 以上，相当于 2～3 年发生一次低温冷害。严重低温冷夏

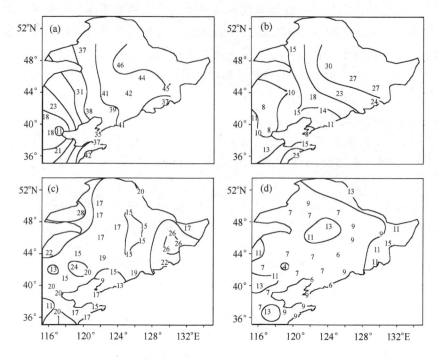

图 4.7 中国东北地区 1880—1950 年((a)和(b))、1951—2004 年((c)和(d))
低温冷夏((a)和(c))和严重低温冷夏((b)和(d))发生频率空间分布图

现象发生频率的空间分布也基本类似。

　　1951 年以来，器测资料较多，能够获得夏季气温资料的东北地区气象站
也较多，对于分析东北低温冷夏的空间分布较为有利。1951 年以来，东北地
区低温冷夏的地理分布呈两侧多、中间少的空间形势，即东部的小兴安岭东
缘、长白山地及西部的蒙古高原东部的海拉尔、锡林浩特一带为大值区，这
些地区在 54 年来发生低温冷夏的频率均在 20％以上，相当于 2～3 年发生一
次低温冷夏；而松嫩平原、辽宁南部低温冷夏发生频率较低，在 15％以下，
尤以辽宁近海地区发生频率最低。近 54 年以来，东北地区严重低温冷夏的空
间分布与低温冷夏空间分布差异较大，高发区位于大、小兴安岭山地，长白
山地以及黑龙江、吉林、内蒙古三省（自治区）交界地带，这些地区严重低
温冷夏的发生频率在 10％以上，也就是大约不到 5 年就发生一次严重低温冷
夏。总的来说，1951 年以来，东北地区低温冷夏现象发生频率的空间特点是：
频率随纬度的增高而增大，山区的频率比同纬度的平原地区大，即北部高于
南部、山地高于平原。

4.5.2 东北低温冷夏的空间分型

用 T_{10} 序列为代表可以对东北地区整体性的东北低温情况有一个认识：通过东北地区各气象站历史上低温冷夏频率的空间分布，可以了解东北地区低温冷夏的高发区。但对于历史上发生过的低温冷夏年的具体空间分布特征，我们还需要进一步探究。首先采用经验正交展开（EOF）方法，对东北地区各气象站夏季气温进行 EOF 展开。而后根据各个特征向量的时间系数变化，结合空间分布图，来研究历史上低温冷夏年的具体空间分布特征。

由于 1880—1950 年东北地区有资料的站较少，因此本部分只针对 1951—2004 年夏季气温进行分析。首先对我国东北地区 26 个台站的 1951—2004 年夏季气温进行自然正交展开。计算结果表明，第一特征向量（EOF_1）的解释方差为 66.9%，第二特征向量（EOF_2）的解释方差为 11.4%，这两个特征向量的累计解释方差为 78.3%。因此，选取前两个模态进行分析。

第一特征向量的空间分布见图 4.8(a)。可以看出，东北地区温度变化的一致性，即全区一致为高（低）温，有较高的纬向分布特征，以 44°~47°N 间为异常变化的高值区向两侧减少，极大值区位于黑龙江、吉林及内蒙古交界处，解释方差为 66.9%，超过了总方差的一半，是东北夏季气温异常最主要的空间分布型。第二特征向量表现为东北的北部和南部地区夏季气温异常变化的反位相，零等值线约位于 45°N；北部以呼玛为中心，南部以朝阳为中心，说明东北地区夏季气温的变化在南北方向上又有明显的不同（图 4.8(b)）。

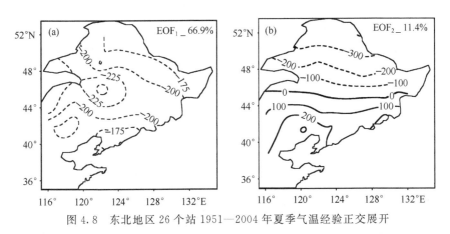

图 4.8　东北地区 26 个站 1951—2004 年夏季气温经验正交展开

配合 EOF 的第一和第二特征向量时间系数变化曲线，可以得出东北地区夏季低温主要可以分为三种类型：全区冷型、北部冷型（南部正常或偏暖）、南部冷型（北部正常或偏暖），具体年份见表 4.4。

表 4. 4   东北地区 1951—2004 年低温冷夏分型

类型	全区冷型	北部冷型	南部冷型
年份	1956，1957，1964， 1969，1972，1976， 1992，1993	1961（北冷南热） 1981（北冷南热） 1983（北冷南热）	1954（南冷北不热） 1970（南冷北热） 1974（南冷北不热） 1986（南冷北热）

我们知道东北低温冷夏是一个大尺度环流异常现象，因此这些东北低温冷夏年相对应的全国夏季气温场的分布形势是怎样的呢？通过对表 4.4 中这些年全国气温场格局的研究，发现在东北地区全区低温冷夏年，全国大部地区夏季气温偏低；东北地区夏季北冷南热时，西北西部气温偏低，而华北、长江正常或偏暖；东北地区夏季南冷北不冷时，东北南部、华北、长江冷。也就是说，从全国的角度来看，夏季气温偏低的中心位于华北或长江，而东北南部是冷区的边缘。

东北低温冷夏之所以存在这几种空间分型，必然是由其相应的大气环流异常所造成的，第 5 章将会对此进行讨论。

4.6   几个典型的东北低温冷夏年

如前所述，1880 年以来东北地区共发生 29 次低温冷夏年，严重低温冷夏年共有 14 次。由于 1950 年以前资料量不足、受灾记录缺乏，所以本节着重分析 1951 年以后的几次较严重的东北全区性低温冷夏年的情况，分别是1957，1969，1976 和 1993 年。其中，1993 年相对前三个低温年强度较弱，但该年处在自 20 世纪 80 年代中期以来的气候变暖过程中，是近 20 多年来东北地区夏季大范围低温明显的一年，值得单独分析。

4.6.1   1957 年

1957 年东北地区 T_{10} 序列平均气温距平为 $-1.06 \ ℃$（标准值为 1951—2004 年 54 年均值），达到严重低温冷夏标准。该年东北三省及内蒙古东部地区各台站气温偏低均超过 1 ℃，尤其是黑龙江、吉林和内蒙古交界地区以及内蒙古东部的中、蒙、俄边界地区气温偏低超过 1.5 ℃。

从大尺度环流形势上来看，副热带高压在前两年偏弱的情况下，持续偏弱，特别是春夏季节，整个北半球副热带高压明显偏弱，西太平洋副热带高压也持续偏弱。夏季除 7 月副热带高压西伸脊点位置在 115°E 附近，较常年偏西外，6 和 8 月副热带高压西伸脊点位置较常年偏东；副热带高压脊线位置前期正常略偏南，后期偏北。同时该年夏季印度低压偏弱。

夏季北半球极涡面积指数距平为 18，亚洲区为 10，北半球和亚洲地区极涡面积均偏大，同时极涡中心偏向东半球。初夏西风带阻塞形势主要出现在乌拉尔山至贝加尔湖一带，7 和 8 月鄂霍次克海阻塞高压位置偏东。该年夏季欧亚地区 6 月盛行纬向环流，7 和 8 月盛行经向环流，而亚洲地区夏季三个月均盛行经向环流。

在这种环流的配置下，即西太平洋副热带高压偏弱、偏东，印度低压偏弱，极涡面积偏大、中心偏向东半球，同时鄂霍次克海阻塞高压位置偏东，东北地区处在槽区，这种形势十分有利于来自极地的低层冷空气向南扩散，造成东北持续低温。

东北地区在该年伴随着低温冷夏，大部地区降水偏多。也就是说在冷空气作用下，气温下降，同时由于降水偏多，蒸发散热多，更加剧了东北低温。7 和 8 月吉林、黑龙江南部地区普遍多雨，其中 7 月中旬至 8 月底降雨集中，总雨量达 300～500 mm，比常年同期偏多 5 成至 1 倍。不少地区受淹，松花江流域出现严重的洪涝灾害，直接和间接经济损失约 2.4 亿元。

由于低温冷夏，辽宁省 65% 以上的地区粮豆减产在 5% 以上，其中超过 80% 的地区水稻较前 1～2 年减产 15% 以上，超过 50% 的地区玉米减产 5% 以上，对高粱产量也有影响。吉林省粮豆平均减产 29.8%，其中减产最严重的是高粱（减产 33%）、其次是谷子（减产 23.7%）和玉米（减产 18.6%），水稻减产 11.9%。黑龙江省该年由于低温、霜冻，造成农作物减产 40%～50%。

4.6.2　1969 年

1969 年东北地区 T_{10} 序列平均气温距平为 -1.04 ℃（标准值为 1951—2004 年 54 年均值），达到严重低温冷夏标准。该年东北三省及内蒙古东部地区的中部各台站气温偏低均超过 1 ℃，6，7 和 8 月气温持续偏低。日平均气温稳定通过 10 ℃ 的有效积温为 1 150.4 ℃·d，较常年低 200～300 ℃·d，局地少 400 ℃·d 以上，温度条件很差。在这一年，全国除河南西部、陕西南部及湖北北部一带夏季气温偏高外，大部分地区均偏低，尤以东北地区气温偏低最为显著。1969 年不只是夏季气温偏低，在冬季和早春，也发生了较严重的低温冷害事件。在 1969 年年初的 1 月下旬—2 月中旬，我国大部地区受强寒潮袭击，为新中国成立以来罕见。武汉、长沙、南京、上海、南昌等地最低气温分别降到 -17.4，-9.5，-13.0，-7.2 和 -6.7 ℃。黄河下游出现封冻，造成较重凌汛；渤海出现几十年罕见的封冻；江苏、浙江、湖南等省越冬作物遭受冻害；华南已播早稻出现烂秧，热带经济作物受到影响。1月新疆北部发生严重雪灾，因雪崩死亡近百人，牲畜大量死亡。1—3月渤海发生严重海冰灾害。整个渤海被厚20～40 cm的海冰所覆盖，并产生流冰现象，造成我国有记载以来最严重的海冰灾害。"海一井"石油平台受损，"海二井"石油平台被毁，渤海交通处于瘫痪状态，部分船只被挤受损，直接经济损失近亿元。

从大气环流来看，北半球副热带高压从2月份开始转强，6，7和8月持续偏强。西太平洋副热带高压面积指数在持续了28个月负距平之后，1969年3月开始明显加强，夏季也持续正距平，其中面积指数在7月正距平达到最强，为10，这在1976年以前副热带高压减弱期中是不多见的；强度指数以6月最强；夏季脊线位置较常年偏南，平均位于23°N，6月与常年比尤其偏南，7和8月在副热带高压第二次季节性北跳后，脊线位置接近常年；西伸脊点平均为118°E，较常年偏西，8月稍偏东。夏季印度低压比常年明显偏弱。

夏季北半球极涡和亚洲极涡面积均比常年偏大，6，7和8月极涡中心均偏向西半球，极涡中心强度6和8月偏弱，7月偏强。

7月贝加尔湖高压发展明显，其高压强度是历年同期最强的年份之一，8月份鄂霍次克海和乌拉尔山出现双阻形势。虽说夏季各月阻塞高压位置不同，但持续的阻塞形势，造成东北地区处在槽区，东亚500 hPa位势高度距平场从北向南出现有利于东北地区低温的"＋－＋"的距平结构。夏季西风环流指数，欧亚地区6月指数偏大，说明纬向环流发展明显，而7和8月西风环流指数为负，说明经向环流发展明显，其中以8月份经向环流发展最强为其特征，是历年同期经向环流发展最强的年份之一。

东北地区由于生育期长期低温，≥10 ℃的有效积温普遍较常年偏少200～300 ℃·d，而且有的地方发生春旱、秋涝和连阴雨等灾害，使作物整个生育期生长缓慢，加上当年秋霜提前，作物遭受早霜危害，农业生产受到很大影响，全区粮食减产65.5亿kg。辽宁省一半地区粮豆减产5%以上，其中超过90%的地区水稻较前1～2年减产15%以上，是新中国成立以来水稻减产幅度最大的一年；一半地区玉米、高粱减产5%以上。吉林省粮豆平均减产20.1%，其中减产最严重的是水稻，减产达40%～50%，其次是高粱（减产36.4%）、大豆（减产19.2%）和玉米（减产19%）。黑龙江省粮、豆、薯总产比大丰收的1968年下降28%，其中水稻单产下降45%，玉米单产下降31%，大豆单产下降30%。

4.6.3　1976年

1976年东北地区T_{10}序列平均气温距平为－1.14 ℃（标准值为1951—

2004 年 54 年均值），是 1951 年以来最严重的低温冷夏年。该年东北地区西部及南部，即黑龙江省西部、吉林省西部、内蒙古东部和辽宁省夏季气温偏低均超过 1 ℃，局部地区偏低在 1.5 ℃以上。逐月来看，6 和 8 月气温偏低，7 月气温偏高。日平均气温稳定通过 10 ℃的有效积温为 1 187.9 ℃·d，明显低于常年，温度条件很差。在这一年，全国各地夏季气温均偏低，其中华北、河套地区、西北东部气温偏低较明显，但偏低最严重的还是东北地区。1976 年夏季以后，全球很多地区温度偏低，出现持续的低温，很多地区的平均气温达到 20 世纪 70 年代的最低点，美洲大陆东部 1976—1977 年的冬季是近百年来最冷的冬季之一。

从大气环流来看，夏季北半球副热带高压在 1973 年 5 月转弱以来，1974 和 1975 年持续偏弱，1976 年仍维持偏弱趋势，直到 10 月份才有明显增强趋势。本年夏季北半球副热带高压无论从面积、还是从强度来看，都是历史上最弱的年份之一，面积指数距平为 -25，强度指数距平为 -66，其中又以 6 和 7 月偏弱最为明显。夏季西太平洋副热带高压前期偏弱，后期有所加强，但其面积和强度均较常年偏弱，尤其以 6 月偏弱最明显，7 月次之，8 月有偏强的趋势；脊线位置较常年偏北，位于 26°N，其中 6 月为历年同期最偏北的年份；北界平均位置也较常年偏北，平均位于 31°N，6，7 和 8 月持续偏北；平均西伸脊点为 130°E，比常年偏东，6 和 7 月偏东，8 月偏西。夏季印度低压较常年偏弱。

夏季北半球极涡面积明显偏大，其中 7 和 8 月最为明显；极涡中心 6 月偏弱，7 月偏强，8 月是历年同期最强的年份之一。6 月贝加尔湖有高压脊出现，8 月乌拉尔山阻塞高压发展明显，位置偏南。500 hPa 位势高度距平场，欧亚西风带呈西高东低分布型，东亚低纬到高纬以大范围的负距平为主。

夏季西风带 6，7 和 8 月纬向环流指数，欧亚地区均为负值，表明欧亚地区持续经向环流发展，以 8 月份最强，是历年同期最强的年份之一，亚洲地区 6 和 8 月经向环流发展明显，但 7 月纬向环流发展占优势。

由于 7 和 8 月极涡持续明显偏强，中心又位于东亚地区，加上 8 月乌拉尔山阻塞高压发展明显，致使入侵我国的冷空气比常年明显偏强。最典型的天气形势就是脊前有东北气流，冷空气沿超极地路径南下，在东北形成横槽，出现冷涡低温天气，进而造成东北地区严重低温冷夏，对农业生产影响极大。

由于低温冷夏，东北地区粮豆减产 47.5 亿 kg。辽宁省自 6 月初到 9 月中旬，除 2 候气温稍高于常年外，其余全是负距平，尤其 8 月，气温负距平值达到 -4 ℃。辽宁省水稻减产 10%以上，东南部地区高粱减产。吉林省粮豆减产 4.7%，其中水稻减产最多，为 43%；其次是大豆，减产幅度达 26.4%；

同时低温冷害对高粱、玉米和谷子也有影响。1976 年的低温冷害，造成黑龙江省粮、豆、薯总产比大丰收的 1975 年下降 20％，其中水稻单产下降 46％，玉米单产下降 20％，大豆单产下降 39％。由于小麦是耐寒作物，8 月初已成熟收获，低温对其影响不大。

4.6.4 1993 年

1993 年东北地区 T_{10} 序列平均气温距平为 $-0.79\ ℃$（标准值为 1951—2004 年 54 年均值），是近 20 多年气候变暖以来，出现的较明显的一次全区性低温冷夏年。该年东北地区夏季低温程度较 1957，1969 和 1976 年要弱，只有黑龙江、吉林和内蒙古交界地带和长白山一带，气温偏低超过 1 ℃。逐月来看，6 和 8 月气温偏低，7 月气温稍高。7 月下旬、8 月中下旬气温偏低显著，雨日多，光照不足，致使农作物生长速度缓慢，发育期推迟，东北地区出现较明显的低温冷害，吉林省更为严重。在这一年，全国大部地区气温显著偏低，黄河、长江两流域偏低最明显。7 月下旬至 8 月中旬，上述地区不少地方的旬平均气温打破历史最低纪录。武汉、宜昌、常德、长沙、合肥、安庆、南京、上海、南昌等地从 7 月中旬末开始连续 10 多天日最高气温均维持在 30 ℃左右；盛夏期间（7—8 月）日最高气温大于或等于 35 ℃的炎热天气，火炉南京、武汉、长沙分别只有 6，2 和 5 天，出现了伏天罕见的"凉夏"。同时 1993 年日本全国范围内发生了异常低温，是 50～100 年一遇的严重冷害年份。

从大气环流来看，夏季北半球副热带高压面积和强度均比常年偏强。西太平洋副热带高压面积和强度也较常年偏强，且 6，7 和 8 月均明显偏强；脊线比常年偏南，位于 28°N，其中 6 和 7 月均比常年异常偏南，8 月比常年偏北；北界比常年偏南，位于 28°N，其中 6 和 7 月比常年偏南，8 月接近常年；西伸脊点较常年明显偏西，且 6，7 和 8 月均偏西。总之，西太平洋副热带高压总特点是偏强、偏西、偏南。夏季印度低压明显偏弱。

夏季北半球极涡面积较常年偏大，且 6，7 和 8 月均偏大。亚洲极涡面积大小接近常年，其中 6 和 8 月较常年偏大，7 月偏小；极涡中心偏在西半球，中心强度较常年偏强。

欧亚西风带 7 月鄂霍次克海阻塞高压、贝加尔湖阻塞高压发展。夏季 500 hPa 位势高度距平场，欧亚中纬度西风带以负距平为主，最大负距平中心出现在北欧地区，高纬及低纬地区为正距平。东亚地区上空出现了较典型的"＋－＋"距平型，尤其是 7 月遥相关结构异常明显。欧亚 6 和 8 月以纬向环流为主，亚洲西风环流指数均为负，表明以经向环流为主。

由于盛夏 7 月份欧亚地区中高纬度西风带出现了明显的阻塞形势，并且盛夏 500 hPa 出现了典型的东亚遥相关型；同时印度低压偏北，暖湿气流偏南；亚洲经向环流发展，极涡面积大，冷空气势力偏强，使得东北地区夏季气温偏低。

由于低温冷夏，东北地区的一季稻受害较重，尤其是吉林省东部发育期积温明显偏少，阻碍了水稻正常开花授粉。吉林省东部延边朝鲜族自治州在水稻进入生殖生长期后，遇到了长达一个月的低温天气，多数水稻正处在减数分裂期，受到严重的障碍型冷害，使水稻的空壳秕粒达 30％以上。全国范围内，大范围的"凉夏"天气，给喜温作物的生长发育带来了极为不利的影响。华北地区的夏玉米、棉花等作物生育期较常年推迟 4～6 天；江淮地区水稻幼穗分化推迟 1 周左右，江南晚稻移栽期推迟 3～5 天。

东北低温冷夏形成机理和气候背景

我们知道，天气气候异常的物理机制比较复杂，但最直接的原因就是大气环流的异常。而进一步挖掘是什么原因造成了大气环流的异常，至今还没有一种统一的理论能完全解释。对于东北低温冷夏，这种对当地农业生产有显著影响的大尺度天气气候异常现象，其形成原因除了大气环流异常之外，得到普遍认可的还有海表温度异常，另外，还有强火山爆发这个因素，它可能也是东北低温冷夏形成的原因之一。本章将从大气环流异常、海温异常以及强火山爆发这三个角度对东北低温冷夏现象的大尺度环流形势和气候背景进行阐述。

5.1 大气环流与东北低温冷夏

5.1.1 东北低温冷夏的大尺度环流形势简述

5.1.1.1 北半球气压场与东北夏季气温

在 19 世纪末人们开始研究大气环流时只有月平均海平面气压图，在这些图上可以明显地看到一些高压区与低压区。对这些高压区、低压区，人们多用地理位置来命名，如冰岛低压、亚速尔高压、西伯利亚高压、印度低压等。每个高压或低压对广大地区的气候都有巨大影响。例如，冰岛低压深厚时，格陵兰到加拿大东北部气温低，西北欧气温高。这些高、低压中心被称为大气活动中心，从字面意义上来讲，其实就是大气（对广大地区气候）作用的中心。有的大气活动中心一年四季都存在，如北大西洋高压等，称为永久性活动中心，有的则只有在冬半年或夏半年存在，如西伯利亚高压、印度低压等，称为半永久性活动中心。

北半球冬季有 6 个大气活动中心：强大的阿留申低压和较弱的冰岛低压，

位于高空平均槽的下前方，属不对称的暖性系统；强大的蒙古高压和较弱的加拿大高压，位于高空向西倾斜的平均脊的下前方，属不对称的冷性系统；而夏威夷高压和亚速尔高压是副热带暖性高压，相对较弱。北半球在夏季有5个大气活动中心。其中，夏威夷副热带高压和亚速尔副热带高压明显增强扩大，几乎完全占据了北太平洋和北大西洋，所以也称为北太平洋副热带高压和大西洋副热带高压；冰岛低压大大减弱；原来在冬季两个大陆上的冷高压及阿留申低压，到夏季都消失了；亚洲大陆和印度洋上空由印度（或称南亚）热低压所取代。北美南部也转变为一个较弱的热低压系统。

图5.1是东北夏季气温序列T_{10}与北半球海平面气压的相关场，由图5.1可以看出，有三个较好的相关区，分别是位于贝加尔湖附近的负相关区、位于北太平洋的正相关区和位于里海附近的负相关区。它们代表了影响东北夏季气温的三个气压系统活动影响的范围，分别为中纬度地面冷空气、北太平洋副热带高压和印度低压。

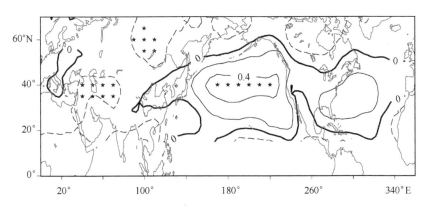

图5.1　东北夏季气温序列T_{10}与北半球海平面气压相关场

为了定量地来说明这三个系统与东北夏季气温的关系，在每个高相关区选取6~8个格点（图5.1中的"★"）分别求平均，得到指数I_1，I_2和I_3，依次代表中纬度地面冷空气、北太平洋副热带高压和印度低压的活动强弱。这三个指数的彼此相关程度及与东北夏季气温的相关情况如表5.1。

表5.1　I_1，I_2，I_3和T_{10}的彼此相关系数

	T_{10}	I_1	I_2	I_3
T_{10}	1	−0.368	0.487	−0.302
I_1		1	−0.204	0.637
I_2			1	−0.394
I_3				1

表 5.1 中 I_3 与 I_1 和 I_2 的相关均较大，分别为 0.637 和 -0.394，均通过了 0.01 显著性检验。进而对这三个指数与 T_{10} 序列进行偏相关分析，发现在排除 I_1 和 I_2 时，I_3 与 T_{10} 序列的相关系数仅 0.125 4，说明代表印度低压的 I_3 对东北夏季气温的影响主要是通过 I_1 和 I_2 来进行的。因此，在海平面气压场上，北半球影响东北夏季气温的主要系统有中纬度地面冷空气及北太平洋副热带高压，即 I_1 和 I_2。对 I_1，I_2 和 T_{10} 序列进行偏相关分析，偏相关系数分别为 -0.315 及 0.412 5。可见当北太平洋副热带高压偏南时，东北夏季气温可能会偏低；当中纬度地面冷空气活动较强时，东北夏季气温可能会偏低。

当东北冷夏时，I_1 和 I_2 这两个指数的情况如何呢？对 1880 年以来东北低温冷夏年相应的 I_1 和 I_2 的数值进行了普查，见表 5.2。

表 5.2 东北冷夏年 I_1 和 I_2 数值（标准化）

年份	I_1	I_2	年份	I_1	I_2	年份	I_1	I_2
1880	-1.0	-0.3	1896	-0.4	-1.9	1956	-0.7	0.3
1881	2.6	-1.9	1901	0.8	-0.2	1957	1.5	-0.5
1884	3.1	-2.0	1902	1.8	-0.4	1964	-0.7	-0.4
1885	2.0	-0.8	1908	0.7	0.6	1969	-0.3	-0.3
1886	1.1	-1.5	1911	1.7	0.5	1972	-0.5	0.1
1887	2.3	-1.3	1913	0.7	0.0	1976	-1.1	-0.6
1888	-0.1	-3.2	1934	0.3	1.3	1983	0.2	0.5
1890	0.6	-1.0	1945	0.1	-0.2	1992	-0.1	-0.2
1892	1.4	-1.5	1947	-0.6	0.8	1993	-0.5	-0.2
1895	1.1	-2.2	1954	-0.2	0.3			

东北冷夏年时，I_2 为负值的有 19 年，即东北冷夏年北太平洋副热带高压偏南的概率为 65.5%（19/29）；I_1 为正值的有 17 年，即东北冷夏年中纬度地面冷空气强的概率接近 60%。我们注意到 20 世纪 60 年代以来的 7 次冷夏，I_1 有 6 年为负值。从 I_1 的历史变化曲线（图略）可以看到，I_1 在 20 世纪 50 和 60 年代以后，有一个比较明显的下降趋势，即在 20 世纪 50 和 60 年代以后，中纬度地面冷空气活动相对较弱，这也可能是气候变暖大背景下，北半球中高纬度变暖比较显著的一个原因。在近 125 年来的 29 个冷夏年中，I_1 为正值而 I_2 为负值的共有 11 年，其中 8 年为严重冷夏年。换句话说，1880 年以来的 14 个严重冷夏年中有 8 年中纬度地面冷空气活动强、北太平洋副热带高压偏南。

5.1.1.2 对流层中层环流与东北夏季气温

对流层中层环流一般都用 500 hPa 等压面图作为代表。500 hPa 多年平均高度场，北半球冬季的极涡有两个中心，较强的一个位于格陵兰西边的巴芬岛上空，较弱的一个位于东部西伯利亚北侧的北冰洋上。副热带高压在 20°～

15°N 之间。绕极西风带上出现三对平均槽脊波动，平均槽分别位于阿拉斯加、西欧沿岸及贝加尔湖。北半球夏季 500 hPa 平均高度场上，极涡减弱，只有一个中心，位置偏于巴芬岛上空。副热带高压的纬度向北位移至 20°N 北侧，并有所增加。绕极西风的强度明显减弱，并形成 4 个波：北美大槽的位置与冬季相比变化不大，而东亚大槽的位置向东位移了 20 个经度。这两个主槽之间的距离变长，引起长波调整，形成两个相对较弱的波动：欧洲西岸与乌拉尔山东侧上空均出现弱的低槽。

为了分析 125 年来 500 hPa 高度场与东北夏季气温的关系，我们需要取两段资料。根据观测资料得到的北半球 500 hPa 高度场仅开始于 1951 年（576 个格点），1881—1950 年 500 hPa 高度距平资料采用的是龚道溢等（2000）利用海平面气压、地面温度及海表温度，用逐步回归的多元统计方法重建的（649 个格点）。由于资料来源不同，且前 70 年与后 54 年格点不重合，在分析东北夏季气温与 500 hPa 高度的相关场时，分 1881—1950 年（前 70 年）和 1951—2004 年（后 54 年）两段时间进行。

图 5.2 显示了前 70 年及后 54 年北半球 500 hPa 高度场与东北夏季气温的相关分布。从中可以看到，无论是前 70 年还是后 54 年，500 hPa 高度场与东北夏季气温的相关分布都呈现出较显著的纬向分布，即 55°N 以南的中高纬度为带状的正相关，而 55°N 以北的高纬度为带状的负相关。在 55°N 以南的中高纬度正相关带中，以东北亚为正相关大值中心的超过 100 个经度范围的区域，相关系数均通过 0.01 显著性检验。前 70 年与后 54 年相关分布的不同点主要表现在：前 70 年，乌拉尔山至贝加尔湖，向南直至我国河套地区，有一个楔形经向的负相关区，且在 60°N、90°E 附近有一小块区域相关系数通过了

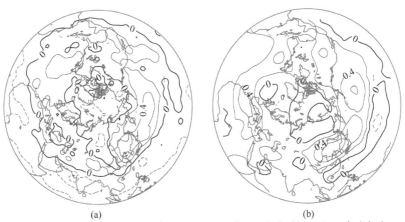

(a)   (b)

图 5.2　1881—1950 年(a)与 1951—2004 年(b)北半球 500 hPa 高度场与
东北夏季气温的相关分布

0.05 显著性检验。这种相关分布说明，在前 70 年乌拉尔山至贝加尔湖一带的高压脊较强、经向度大，从极地来的冷空气沿脊前西北气流较易南下至东北地区，这是造成东北地区在前 70 年严重冷夏年偏多的原因之一。

5.1.1.3 对流层高层环流与东北夏季气温

自 1957—1958 年国际地球物理年之后，西柏林大学出版了一系列的平流层天气图，使得人们对平流层环流逐渐有了较多的认识。100 hPa 这一层，北半球冬季极涡中心偏于西伯利亚北冰洋沿岸，绕极环流等高线密集，西风强盛，有两个波动：两大陆东岸上空为低槽，高压脊分别位于两大洋上空。夏季极涡和绕极西风强度大大减弱，最为突出的变化是副热带高压明显增加，即亚非大陆为强大的南亚副热带高压，而南亚高压是在 100 hPa 等压面上夏季特有的系统，可以说它是西太平洋副热带高压夏季在高层的表现。

典型东北夏季低温年（1957，1969，1976 和 1993 年）100 hPa 高度距平合成图（图 5.3）显示，西半球极涡减弱，东半球极涡明显增强，且极涡偏向东半球太平洋一侧，发展较盛；绕极西风环流大致呈 3 波的形势，东北地区位于超长波槽的后部；南亚副热带高压异常偏弱。这种形势有利于低层冷空气向南扩散。从对典型夏季高温年（1980，1982 和 1988 年）100 hPa 距平合成图的分析得到相反的结论。总体来说，夏季低温年北半球 100 hPa 高度场大部为负距平，尤其东半球全部是负距平；而高温年北半球 100 hPa 高度场绝大部分是正距平，差别十分明显。

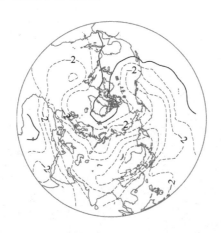

图 5.3　典型东北夏季低温年 100 hPa 高度距平场合成图

上面简单介绍了与东北夏季气温相关的由低层至高层的大气环流基本特征。我们知道，各层大气之间是相互作用、相互影响的，尤其是对流层中层，起到了关键作用。研究表明，月平均气温的异常在很大程度上取决于对流层中层的月平均高度场。因此下面重点讲述直接造成东北地区全区冷夏、东北夏季北冷南暖、东北夏季北暖南冷这三种空间分布形势的对流层中层 500 hPa 大气环流形势。

5.1.2 东北低温冷夏年 500 hPa 大尺度环流特征

5.1.2.1 东北全区低温冷夏的 500 hPa 环流形势

前面说过，根据观测资料得到的 500 hPa 高度场仅开始于 1951 年，1881—1950 年 500 hPa 高度距平资料采用的是龚道溢等利用海平面气压、地面温度及海表温度用逐步回归的多元统计方法重建的。由于资料来源不同，且前 70 年与后 54 年格点不重合，在对东北冷夏 500 hPa 大尺度环流特征进行分析时，仍分 1881—1950 年（前 70 年）和 1951—2004 年（后 54 年）两段时间进行。

（1）1881—1950 年期间东北冷/热夏年异常大气环流的合成分析。把 1881—1950 年期间的东北典型冷夏年（1884，1885，1886，1888 和 1895 年）、典型热夏年（1917，1919，1924，1926 和 1950 年）500 hPa 高度距平场进行合成分析，如图 5.4 所示。从图上可以看出，1880—1950 年期间，东北典型冷夏年 55°N 以南为大面积的负距平，以北以正距平为主。这说明东北冷夏年，北半球西风指数低，盛行经向环流，常有暖空气向北输送，在高纬度地区建立暖高压脊或阻塞高压，同时冷空气比较活跃，经常扩散至 55°N 以南的地区，使得此地气温偏低；而热夏年与此相反，55°N 以北为负距平，以南为正距平，这说明热夏年北半球西风指数高，盛行纬向环流，且 55°N 以南

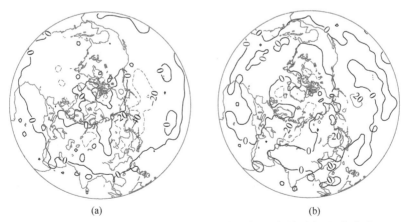

(a)   (b)

图 5.4　1880—1950 年东北典型冷夏年(a)与热夏年(b)北半球
500 hPa 高度距平场合成图

的正距平区几乎环绕了整个北半球 30°~55°N 之间的地区，正距平区的范围大、强度强，说明热夏年暖空气势力较强，冷空气不易南下。从超长波槽脊的位置来看，冷夏年从格陵兰经新地岛至乌拉尔山为范围较大的正距平区，而东北地区为负距平中心，说明冷夏年新地岛到乌拉尔山一带为稳定的超长波脊占优势，而东北地区为稳定的超长波槽占优势；热夏年分布与之相反。

（2）1951—2004 年期间东北冷/热夏年异常大气环流的合成分析。在第 4 章中曾讲过，东北地区夏季气温经过检测，发现在 20 世纪 90 年代中前期发生了突变，1994—2006 年的 13 年间，东北夏季气温上升比较明显，且没有发生过一次大范围的低温冷夏现象。为了与全区冷夏年（1957，1969，1976 和 1993 年）相比较，在选择 1951 年以来的全区热夏年时，选择 1993 年以前的热夏年，即 1955，1980，1982 和 1988 年进行 500 hPa 高度距平场的合成（图 5.5）。

从图 5.5 可以看到，1951—2004 年东北全区冷、热夏年的 500 hPa 高度距平场的分布形势，与 1880—1950 年间的基本相似，即冷夏年 55°N 以南为大面积的负距平，以北以正距平为主；而热夏年与此相反，55°N 以北为负距平，以南为正距平。从超长波槽脊的位置来看，也比较相似。

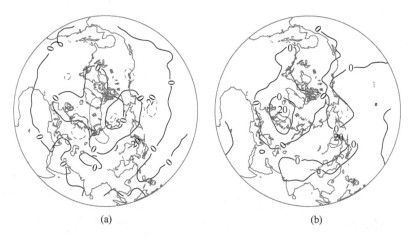

图 5.5 1951—2004 年东北典型冷夏年(a)与热夏年(b)北半球 500 hPa 高度场合成图

与前 70 年中的东北典型冷、热夏年 500 hPa 高度距平合成图不同的是，后 54 年东北全区典型冷夏年，30°N 以南地区的 500 hPa 高度正距平比较明显，同时 55°N 以北的正距平强度强于前 70 年；典型热夏年，30°N 以南地区也是以正距平为主，同时，55°N 以北的负距平区域和中心强度均小于前 70 年。

从上面的分析可以得出，影响我国东北地区全区夏季气温的因素主要有两个方面，即来自极地的冷空气和来自副热带的暖空气。如果冷空气活跃则东北地区易形成冷夏，如果暖空气势力强，则东北地区易形成热夏。东北全区冷夏年时，无论是 1951 年以前，还是 1951 年以后，夏季西风带上亚洲地区异常稳定的槽脊分布，是形成东北冷夏的重要影响系统，特别是东亚地区经常有长波、超长波槽停留或经过，是造成东北冷夏的直接影响系统。分析自 1951 年以来东北区发生的 8 个全区冷夏年，除了 1964 年东北地区西南部500 hPa 高度距平值为正值外，其余 7 年在夏季 500 hPa 图上，东北地区全区高度距平值均为负值。

5.1.2.2 东北地区北冷南热/南冷北热的 500 hPa 环流形势

第 4 章中曾提到，1951 年以后东北地区夏季北冷南热年为 1961 和 1981年；而南冷北热年为 1970 和 1986 年。南北冷热相反，与东北全区冷热一致的大气环流形势必然不同。通过对东北地区夏季北冷南热、南冷北热的年份北半球 500 hPa 高度距平场分别进行合成，得到图 5.6。

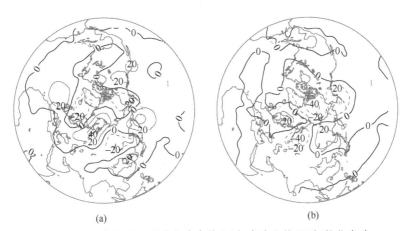

(a)　　　　　　　　　　　　　　　(b)

图 5.6　东北地区夏季北冷南热(a)与南冷北热(b)年份北半球
500 hPa 高度距平场合成图

从图 5.6 可以看到，东北地区夏季北冷南热的年份，北半球 500 hPa 高度距平场在 40°N 以北为正负相间的高度距平分布，在乌拉尔山一带为较强的正距平，正距平中心位于乌拉尔山上空；而在贝加尔湖附近为较强的负距平，中心位于贝加尔湖附近，东北地区北部位于这个负距平区的东南部。这种分布形势说明在东北地区夏季北冷南热的年份，乌拉尔山一带经常建立暖高压脊或阻塞高压，冷空气沿脊前西北气流入侵西伯利亚地区至东北北部。而东北南部经黄河至长江以南的中国东部，500 hPa 高度距平为正值，正中心位于黄河东侧几字弯，东北南部基本位于这个正距平区的北侧。当东北地区南冷北热的年份，环流形势发生逆转。北半球 500 hPa 高度场，在乌拉尔山及其以东的 30 个经度范围内为较强的负距平，且这个负距平区与 40°N 以南的覆盖整个欧亚大陆的负距平区相通；在贝加尔湖及其以东，一直向东南到中低纬度西太平洋的地区均为正距平。这种分布形势说明，在东北地区夏季南冷北热的年份，乌拉尔山一带常建立长波槽，使得极地冷空气能够南侵到 40°N 附近；同时由于在 120°E 的中高纬地区，即西伯利亚地区及东北地区北部，常有高压脊建立，对西来冷空气起到了阻挡作用，从而便于冷空气进入东北地区南部，使该地区夏季气温偏低。

从超长波槽脊的位置来看，东北夏季北冷南热的年份，乌拉尔山附近为较强的正距平区，负距平区以贝加尔湖附近为中心，向东至东北北部。这说明乌拉尔山一带为稳定的超长波脊占优势，西伯利亚地区为稳定的超长波槽占优势，东北地区处在槽前的偏西北气流中。换句话讲，东北北部的冷夏，其实是以俄罗斯西伯利亚地区为冷夏中心的气温负距平区的东南部分。在东北夏季南冷北热的年份，北半球 500 hPa 高度场大致为三槽三脊的形势，乌拉尔山一带为稳定的超长波槽占优势，西伯利亚及东北地区北部高压脊占优势，而东北地区南部则处在西风带的一个小槽中，偏西北气流带来极地冷空气，使得东北地区南部夏季气温偏低。

5.1.2.3 北半球 500 hPa 高度距平场与东北夏季气温场 EOF 时间系数的合成分析

典型冷夏年与典型热夏年的合成毕竟个例较少，为了解决这个问题，我们用东北夏季气温 EOF 的时间系数与北半球 500 hPa 高度距平场进行合成分析。以 EOF$_1$ 的时间系数为例，具体做法为：用东北夏季气温 EOF$_1$ 的时间系数 (x_i) 与同年北半球 500 hPa 各格点高度距平值 $(h_{i,j})$ 相乘，得到合成的 500 hPa 高度距平值 $(y_{i,j})$，即：$y_{i,j} = x_i \times h_{i,j}$，这里的 i 代表年，$i = 1$，2，…，70（或 54）年（指前一段为 70 年（1881—1950 年），后一段为 54 年 (1951—2004 年)），j 代表格点，然后再求多年平均。这种合成分析的特点主要是将时间系数绝对值较小的，给予了较小的权重，而时间系数绝对值较大的，给予了较大的权重，这样分析东北夏季气温异常时的 500 hPa 高度距平场的特征更具有普遍性。

（1）北半球 500 hPa 高度距平场与东北夏季气温场 EOF$_1$ 时间系数的合成分析。图 5.7 就是北半球 500 hPa 高度距平场与东北夏季气温 EOF$_1$ 的时间系数合成图。由前 70 年的合成图（图 5.7(a)）可以看出，在 55°N 以北为大面积的负距平区，而 55°N 以南的中高纬度地区基本为正距平，只有乌拉尔山到贝加尔湖一带为负距平。这种分布说明东北夏季气温与 55°N 以北的 500 hPa

高度距平呈负相关，与55°N以南的广大中高纬度地区500 hPa高度距平呈正相关，也就是说当北半球中高纬盛行经向环流时，有利于东北夏季气温偏低。同时东北夏季气温与乌拉尔山到贝加尔湖一带的高度距平呈负相关，而与东北及北太平洋高度距平呈正相关。这说明当乌拉尔山到贝加尔湖一带为超长波脊占优势，东北为超长波槽占优势时，有利于东北冷夏的发生。配合上面的典型冷夏年和热夏年合成图，我们可以看出，典型冷夏年和热夏年（图5.4、图5.5）实际上就是这种形势的突出表现。

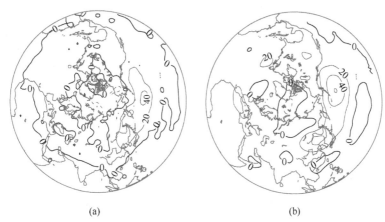

(a)   (b)

图 5.7　1881—1950 年(a)与 1951—2004 年(b)北半球 500 hPa 高度距平场与
东北夏季气温 EOF$_1$ 的时间系数合成图（实线为正，虚线为负）

后 54 年合成图（图 5.7(b)）与前 70 年的合成图相比，大体上是相似的，即在 55°N 以北为大面积的负距平区，而 55°N 以南的中纬度地区基本为正距平，这说明东北夏季气温与 55°N 以北的 500 hPa 高度距平呈负相关，与 55°N 以南的广大中纬度地区 500 hPa 高度距平呈正相关，也就是说当北半球中高纬盛行经向环流时，有利于东北夏季气温偏低。

它们的不同之处在于，前 70 年的合成图中 55°N 以北的负距平区要大于后 54 年的负距平区，前者的负距平区基本覆盖了极地高纬地区，而后者则在极地高纬地区以 150°E 为中心，大致 60～70 个经度的范围内为正距平。同时，前 70 年乌拉尔山至贝加湖的负距平区向南伸展较明显，最南端甚至达到 40°N，而后 54 年这个地区的负距平区的最南端仅达到 55°N。这说明前 70 年在东北低温冷夏的年份，乌拉尔山至贝加尔湖一带的高压脊较强，脊前西北气流把冷空气顺利向东南推进，造成东北夏季气温的极度偏低。对比第 4 章中表 4.3，发现在 1880—1950 年期间东北地区共发生 11 次严重低温冷夏年，占 125 年来东北发生严重低温冷夏年的 79% 左右。

（2）北半球 500 hPa 高度距平场与东北夏季气温场 EOF$_2$ 时间系数的合成

分析。图5.8就是北半球500 hPa高度距平场与东北夏季气温EOF_2时间系数的合成图。从图中可以看到，60°N以北，基本为负距平，只有沿乌拉尔山向西北方向有一个正距平区，这个正距平中心位于乌拉尔山一带；在40°~60°N之间，以正距平为主，只有一个负距平区，那就是以俄罗斯远东地区为中心，经贝加尔湖向东20个经度，一直到日本海，东北北部位于该负距平区之内的南部，东北南部位于以我国华北地区和朝鲜半岛为中心的较弱的正距平区的北部。这种分布形势说明，当乌拉尔山一带的高压脊偏北偏西，脊前西北气流带着极地冷空气袭向位于东南方向的西伯利亚、俄罗斯远东地区和我国东北北部地区，使得该地区夏季气温较易偏低。而东北地区南部则由于冷空气不易到达，气温偏高。配合上面的东北地区夏季北冷南热和南冷北热年高度距平场合成图（图5.6），可以看出，它们实际上也就是这种形势的突出表现。

图5.8　1951—2004年北半球500 hPa高度距平场与东北夏季
气温EOF_2的时间系数合成图

5.1.2.4　东北夏季气温低频、高频变化的500 hPa大气环流特征

在第4章中我们讲过，东北夏季气温表现出了明显的8年以下的周期变化，这种具有显著周期的高频变化是叠加在低频变化基础上的，高、低频共同作用，使得东北夏季气温具有波动性。为了更清晰地了解东北夏季气温的大尺度环流特征，我们将500 hPa高度场、东北夏季气温T_{10}序列分别进行了低频率波处理，得到了500 hPa高度场的低频变化、高频变化，以及东北夏季气温的9点低频变化、高频变化两部分，然后对东北夏季气温的低频与500 hPa高度场的低频部分求相关（简称低频相关），对东北夏季气温的高频与500 hPa高度场的高频部分求相关（简称高频相关），得到了东北夏季气温与500 hPa高度场的低频、高频相关图（图5.9）。

从低频相关图可以看到，前70年和后54年最明显的不同之处在于，前

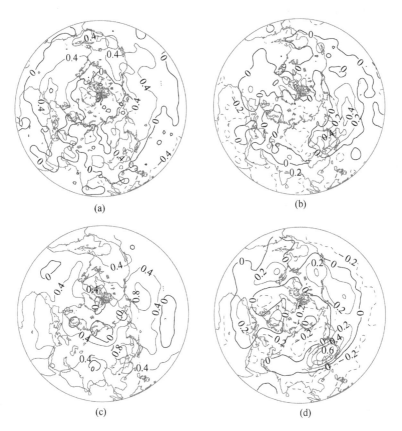

图 5.9　1881—1950 年((a)和(b))与 1951—2004 年((c)和(d))北半球 500 hPa
高度距平场与东北夏季气温的低频((a)和(c))和高频((b)和(d))相关图

70 年的相关分布主要是中高纬为正相关而极区为负相关，基本为纬向对称式
分布；而后 54 年全球大部分为正相关，这说明气候变暖是全球性的，东北地
区夏季气温的低频变化是全球变化的一部分。从高频相关图可以看到，高频
相关前 70 年和后 54 年的差别不大，全球各地有正有负，说明东北夏季气温
的高频变化可能是局地环流因子在起作用，在东亚由低纬到高纬均为"－＋
－"的波列，也就是说当西太平洋副热带高压和西风带一起北移时，东北地
区偏暖，反之则东北地区偏冷。

　　对低频的相关，我们求出每个纬圈上的平均相关系数，点绘成经向低频
对低频的相关系数经向廓线（图略）。前 70 年在 65°N 以北为负相关，而后 54
年各纬圈平均相关系数均为正值，最大值均在 35°～55°N 之间。这说明东北
夏季气温低频变化与北半球中高纬度的 500 hPa 高度场关系密切。

5.1.2.5 北半球 500 hPa 高度场与东北夏季气温场的耦合关系

以上我们都是基于东北夏季气温序列 T_{10} 来研究东北夏季气温与 500 hPa 高度场的关系的。然而东北在空间上不是一个点，而是代表了一定范围的区域，这个区域中包括了我国黑龙江省、吉林省、辽宁省以及内蒙古东部地区，东北的夏季气温实际上是东北夏季气温场。这个气温场有空间一致性和非一致性，现在我们就探讨与气温场这种空间一致或非一致分布相关联的 500 hPa 高度距平场的特征。

由矩阵理论引入的奇异值分解（SVD），被用于研究两个气象场的遥相关问题已取得显著效果。将 SVD 用于诊断冬季海温距平场与 500 hPa 高度距平场的遥相关型，发现前几个 SVD 模态清晰地再现了大尺度海气相互作用的遥相关型，如 PNA，WP 和 WA 型等。SVD 方法的物理意义清晰，计算省时方便，我们下面就采用该方法研究东北夏季气温场与 500 hPa 高度场的典型关联特征。

对东北夏季气温场与北半球 500 hPa 高度场进行奇异值分解（SVD），图 5.10 为前 2 个 SVD 模的异质相关图。

第 1 个模（图 5.10(a)）表现为东北地区气温场符号一致，敏感区（高相关区）为黑龙江南部及吉林省中西部一带，对应的 500 hPa 高度场敏感区位于中纬度的广大地区，尤其是东北亚及北太平洋地区，它们解释了左右两场之间平方协方差的 79.89%，展开系数的相关系数为 0.71。配合时间系数变化得出：在 20 世纪 60 年代中期至 70 年代中后期，500 hPa 高度场高纬位势较高，东北亚及北太平洋位势较低，说明在此期间，副热带高压偏南，乌拉尔山为高压脊，东北亚为槽，使得东北夏季气温较低。对表 4.3 中东北冷夏年进行统计得出，在这十几年中，东北发生冷夏 4 次，平均 2~3 年左右就发生一次。而 20 世纪 80 年代中后期以来，500 hPa 高度场的主要特征是中纬度位势较高（除 1992，1993 和 1995 年外），说明北太平洋副热带高压及西风带偏北，北半球盛行纬向环流，不利于冷空气南下影响东北，因此东北只发生 2 次（1992 和 1993 年）冷夏年。

第 2 个模（图 5.10(b)）解释了两场之间平方协方差的 9.5%，展开系数的相关系数为 0.645。耦合分布型反映了东北夏季气温场的南北差异，对应的 500 hPa 高度距平场在东亚表现为"＋－＋"的波列，在东北亚北部及以北为正距平中心，东北亚的南部至中国的长江流域为负距平中心，30°N 以南为正距平中心。有研究表明，当西太平洋副热带高压偏南时，东亚从低纬至高纬 500 hPa 距平场呈"＋－＋"的距平分布，是造成我国长江流域明显多雨的典型环流特征。那么，当西太平洋副热带高压偏南、东北北部受高纬高压脊影

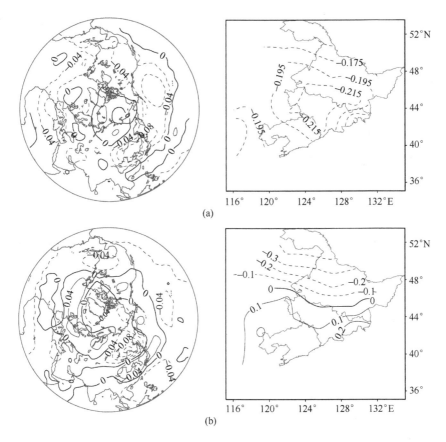

图 5.10　东北夏季气温场与北半球 500 hPa 高度场 SVD 第 1 个模(a)和
第 2 个模(b)的异质相关图

响的时候，东北南部气温较低，而北部气温相对较高。从这一点可以看出东北气温在受到副热带系统影响的同时，还要受到高纬大气环流的影响，其影响机制较为复杂。

综上所述，影响东北地区夏季低温的主要天气系统是极涡和副热带高压。它们之间的强度、位置和相互作用、相互配置的关系，对东北夏季低温起着支配作用。而西风带长波、超长波的环流与这两个系统的强度有密切关系，在它们共同作用下，形成东北地区冷夏天气。在东北夏季低温冷夏年，极地冷空气团极大，极涡明显偏向东半球的太平洋一侧，副热带高压异常偏南或偏弱，这种形势十分有利于来自极地的低层冷空气向南扩散，造成东北持续低温。

5.1.3　东北低温冷夏年的冷空气路径分析

前面对东北低温冷夏年的大尺度环流特征进行了分析，而从天气角度，直接造成东北夏季低温的天气系统是在东北地区停留 2～3 天以上的对流层中层冷性低压涡旋，在低温年，这种冷涡天气过程频繁出现多次。从而在 500 hPa 季平均的距平环流上，呈现出气旋性距平。分析 1951 年以来的夏季特强降温过程，也得出相同结论，即在强降温时都有东北冷涡直接控制该区。

形成东北冷涡，进而造成东北夏季低温的冷空气路径主要有 4 种：

（1）泰梅尔阻高型。其特点是北大西洋暖脊发展分裂出高压单体，东移与印度洋至乌拉尔山的暖脊结合，最后东移至泰梅尔半岛一带形成阻塞高压。它诱导极地冷空气南下，经两湖进入新疆和蒙古西部，再东移进入东北地区，并切断形成东北冷涡。冷涡在东北区可停留 3 天或其以上，产生低温天气。此类入侵东北地区的冷空气称为西方路径类。一次泰梅尔阻高形成后可维持一周左右，暖空气向北发展的过程可重复出现，相应泰梅尔阻高也可长期相对稳定，造成超长波脊在这一地区相对稳定。如 1972 年 6—8 月共出现 3 次，分别在 6 月中旬到下旬（维持近 20 天）、8 月上旬和 8 月中旬。

（2）雅库茨克阻高型。其特点是太平洋暖脊强烈发展，明显北伸后分裂出高压单体，和阿拉斯加暖脊结合后退到雅库茨克一带发展形成阻高。这类脊发展形成时欧洲脊也有发展，冷空气从新地岛一带自西北向东南移动，在东亚受到雅库茨克阻高的阻挡，发生分支，一部分向北、主要部分向东南方向移动，经贝加尔湖进入东北地区，形成缓慢移动的冷涡，造成东北低温。此类入侵东北地区的冷空气称为西北路径类。由于雅库茨克阻高不断得到太平洋暖脊的补充，反复更替加强，长期稳定。一般太平洋脊发展一次，雅库茨克阻高可维持 5～10 天，反复数次，雅库茨克阻高可维持 2～3 周或其以上。这类过程在 1954，1960 和 1967 年中出现次数较多。

（3）乌拉尔主槽东移高纬反气旋打通型。其特点是大西洋与太平洋暖脊同时发展北上，分别与高纬的泰梅尔半岛及雅库茨克海一带的高脊打通，使极地冷空气直接南下进入东北地区，常形成东北冷涡，造成低温。此类冷空气入侵为北方路径类。1964 年 6 月末至 7 月初出现这类过程，7 月末至 8 月初再次出现；1960 和 1974 年也曾出现此类天气过程。

（4）贝加尔湖暖脊型。由于大西洋暖脊发展，促使欧洲的冷空气南下，导致乌拉尔山高压脊发展至贝加尔湖向东北方向伸展后稳定，形成贝加尔湖、雅库茨克暖高压，脊前有东北气流，冷空气沿超极地路径南下在东北地区形成横槽或冷涡天气。此类冷空气入侵为东北路径类。1976 年 7 月中旬至 8 月中旬，出现了这种过程；1964 和 1974 年也出现过这种过程。

统计 1951 年以后东北全区冷夏年，得出 8 个冷夏年入侵东北地区的冷空气路径，除 1956 和 1972 年以第 1 类为主；1976 和 1992 年以第 4 类为主外，其他 4 年均以第 2 类或第 3 类为主。

5.2　海温与东北冷夏

海洋、大气相互作用是气候形成的重要因素，也是长期天气过程形成和变化的重要物理因子。人们要解释气候的形成、探讨气候变化的原因，不能仅限于研究大气本身。我们知道，海洋约占地球表面积的 70.8%，由于海水的反照率小，接收到的太阳短波辐射较多（穿过大气到达地球表面的太阳辐射，约有 80% 被海洋吸收）；同时，海面湿度较大，海洋上空的净长波辐射损失又不大，因此，海洋所储存的热量非常大，若仅考虑 100 m 深的海水混合层，即占整个气候系统（大气、海洋、冰雪、陆面及生物圈）总热量的 95.6%。海洋对大气的影响主要是热力的，主要是通过长波辐射、潜热释放及感热输送的形式，将热量传输给大气，可见海洋在气候系统中的重要地位。由于海洋的热惯性大，海温异常不仅空间尺度大，持续时间也长，在中高纬一般可持续数月之久，低纬则持续性更大。因此，可以说海洋是驱动大气运动的能量直接供应者和调节器，又是大气水汽的主要来源，海洋的热力和动力学惯性又使它对大气变化具有一种独特的"记忆功能"和"低通滤波作用"。海洋热状况的变化和海-气相互作用对气候变化与气候异常的形成有重要意义。

早在 20 世纪 50 年代，就有人指出了北太平洋海温异常对大气环流异常的维持和加强的反馈作用，即异常大气环流可以驱动海洋运动的变化和海洋温度的再分布，从而改变海-气之间的能量交换，产生对大气的影响。他提出了用海温异常作长期天气预报的最初思想，并长期实践这种思想，取得了一定的效果。吕炯在 20 世纪 50 年代就提出了北太平洋海温变化与我国江淮流域梅雨丰歉的关系。1969 年，Bjerknes 提出了热带海温与全球大气环流和气候变化的遥相关概念，逐步使热带海洋大气相互作用的研究成为近代气候学一个重要的研究领域。80 年代，在世界气候研究计划的实施中，提出了为期 10 年的热带海洋和全球大气计划，使这一领域的研究达到最盛阶段。与此同时，世界海洋环流试验计划将目标延伸到更长时间尺度的气候变化问题，使海-气相互作用的气候学研究不断发展。下面就是要研究海洋在东北夏季气温异常中所起的作用。

5.2.1　北半球海温场与东北夏季气温的相关分析

图 5.11 为东北夏季气温与海温的相关场分布，从图中可以看到，在赤道

东太平洋为负相关区，而西北太平洋、赤道西太平洋及南太平洋为通过0.01显著性检验的正相关区。这种分布形势与ENSO事件的海温距平分布有些类似。相关系数最大的是西北太平洋，最大相关在0.4以上。这种相关场说明，当西北太平洋海温为负距平、赤道东太平洋海温为正距平时，东北夏季低温的可能性相当大；而当西北太平洋海温为正距平、赤道东太平洋海温为负距平时，东北夏季高温的可能性较大。

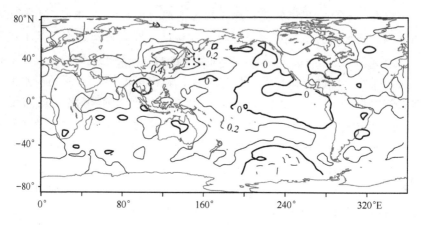

图5.11　全球海温场与东北夏季气温场的相关分布图

以上是统计的结果，我们想寻求物理方面的解释。海洋对气候的影响是以大气为媒介的，也就是说海温异常引起大气环流异常，当然这并不是说海洋起主导作用，大气环流的异常可能也会引起海洋的异常，同时海洋的异常反过来影响大气环流。例如赤道偏东信风强劲，使表层海水向赤道西太平洋堆积，赤道西太平洋海温升高，而赤道东太平洋则冷水上翻强烈，海温降低；当信风减弱时，赤道西太平洋海温降低而东太平洋海温升高（如果达到一定的标准，就会产生El Niño事件）；而当赤道东太平洋海温升高时，对北半球中、高纬天气起到重要作用的副热带高压一般偏南、偏弱。这是海-气相互作用的一个简单例子。我们这里要强调的是，海洋异常对气候的影响是通过大气环流的异常实现的。对于东北夏季气温，当赤道东太平洋海温为负距平、西北太平洋海温为正距平时，副热带高压可能会偏强、偏北，500 hPa高度距平场在东亚从低纬到高纬为"－＋－"波列，则会使得东北夏季气温偏高；而当赤道东太平洋海温为正距平、西北太平洋海温为负距平时，副热带高压可能会偏弱、偏南，500 hPa东亚槽位于东北上空，则会使得东北夏季气温偏低。

为了定量分析赤道东太平洋海温、西北太平洋海温与东北夏季气温的关系，在西北太平洋选取适当的格点，结合T_{10}序列与全球海温场的相关分布

（图 5.11），对相关系数超过 0.3 的一定海域的格点求区域平均，定义该指标为 NWP（所取范围见图 5.11 中的黑点），赤道东太平洋海温（即 El Niño）用 Niño 3.4 区海温来代表。

对 NWP 和 Niño 3.4 序列分别与东北夏季气温 T_{10} 序列进行相关分析，结果如表 5.3。从相关系数大小可以看出，NWP 与 T_{10} 的关系要比 El Niño 与 T_{10} 的关系密切得多。

表 5.3　NWP 和 Niño 3.4 与 T_{10} 的相关系数

相关系数	NWP	Niño 3.4
T_{10}	0.519	-0.081

5.2.2　El Niño 与东北夏季气温

我们在前面所说的赤道东太平洋，实际上就是诊断是否有 El Niño 事件发生的关键海区。在 El Niño 年，对于大气运动来讲，就好像加上了一个异常的热源强迫，大气对热源强迫的响应，不仅发生在热带大气中，而且通过行星尺度扰动具有的波列传播特征影响中高纬地区的大气运动。也就是说，虽然 El Niño 事件发生在赤道太平洋，但 El Niño 事件不仅直接影响热带地区的天气气候，而且还通过遥相关影响至全球。本节就讨论一下 El Niño 事件与东北夏季气温的关系。

El Niño 事件发生，通过大气环流遥相关机制造成中纬度地区夏季大范围环流异常，对流层中低层西北太平洋副热带高压位置比常年偏南，并呈东西向带状分布；在我国东北地区维持着异常的高空槽和地面低压中心。这种大气环流异常，使得 El Niño 年夏季在我国东北及附近地区（包括日本北部、朝鲜半岛及俄罗斯远东地区的南部）有频繁的高空槽和地面低气压活动，引导一股股的冷空气频繁侵入，造成我国东北及附近地区夏季低温。

5.2.2.1　El Niño 的概念

El Niño 是"圣婴"的意思，现用来指赤道东太平洋海区的 SST 出现持续异常升高的现象。在正常情况下，赤道东太平洋有一个冷水域，其温度可能比西太平洋暖池低 8 ℃，但有时这个冷水域大为减弱，使得冷舌达到接近消失的程度，这种海温急剧上升的现象就是人们熟知的 El Niño 事件。因为许多研究都表明，赤道东太平洋海表水温异常事件（El Niño）同南方涛动（SO）之间有非常好的相关关系，当赤道东太平洋 SST 出现正（负）距平时，南方涛动指数（SOI）往往是负（正）值，因此将 El Niño 和 SO 合称为 ENSO。

国际上监测和诊断 El Niño 事件的水域划分主要有：美国气候分析中心在分析诊断公报中，把赤道中、东太平洋划分为若干海区，即 Niño 1＋2 区（0°～10°S,90°～80°W）、Niño 3 区（5°N～5°S，150°～90°W）、Niño 4 区（5°N～5°S,160°E～150°W），Niño-west 区（0°～15°N，130°～150°E）作为诊断 El Niño 发生与否的指标区。Angell 用 0°～10°S，180°～90°W 来代表赤道东太平洋海温的变化。近年来，Trenberth 建议使用 Niño 3.4 区（5°N～5°S，120°～170°W）SST 来诊断 ENSO 事件。

确认近百年来的 ENSO 事件是当前广泛关注的问题，对 ENSO 事件的划分历来没有一个统一的结论，大多数作者以某一关键海区的 SST 为标准，或以 SOI 为标准，但海温和气压都只体现了热带太平洋海-气系统的某些方面。王绍武等利用 Niño 3 区、Niño C 区 SST 及两条 SOI 序列，同时考虑 SST 和 SOI 建立了 1867—1998 年季分辨率的 ENSO 指数序列，根据 ENSO 指数序列，并参考 Wright 的 SOI 指数及其他资料，确认了 1867—1998 年 ENSO 事件。下面我们就采用王绍武等划分的 El Niño 事件来分析它与东北夏季气温的关系。

5.2.2.2　El Niño 与东北夏季气温的关系

根据王绍武的定义，1880—1998 年共发生 30 次 El Niño 事件，这些事件中有 10 次是第 1 季开始的，13 次是第 2 季开始的，5 次是第 3 季开始的，2 次是第 4 季开始的，持续时间最短的为 2 个季，最长的为 10 个季。由于东北地处中高纬度地区，目前对 El Niño 事件影响东北的机制尚无定论，究竟什么季节发生的 El Niño 事件会对东北气候产生影响，都是目前所不确定的。因此，我们假设 El Niño 年的前一年、当年和后一年东北冷夏可能都与之有关，列成表 5.4。从表中可见，在 30 个 El Niño 年中，有 13 个 El Niño 年的前一年、当年、后一年，东北均未发生冷夏，概率约为 43％。对于 El Niño 事件对东北夏季气候的影响来说可能已经过高地估计了，这种联系可能没有我们以前认为的那么紧密。

5.2.2.3　东北夏季气温与 Niño 3.4 区海温距平的逐月相关

上面定性地研究了 El Niño 事件与东北夏季气温的关系，为了定量地说明 El Niño 事件与东北夏季气温的关系，需要选择一个关键海域的 SST 长序列，来研究它与东北夏季气温的关系。

对东北夏季气温距平序列与 Niño 3.4 区海温距平序列（1877—2006 年）进行了超前 3 年到滞后 3 年的逐月相关，也就是说东北夏季气温与 3 年前 $y(-3)$、2 年前 $y(-2)$、1 年前 $y(-1)$、当年 $y(0)$、1 年后 $y(1)$、2 年后 $y(2)$、3

年后 $y(3)$ 的每年 1—12 月的 Nino 3.4 海温作相关，结果如图 5.12 所示。从图中我们可以清楚地看到，Nino 3.4 区的海温有一个 3～4 年准周期变化；东北夏季气温与 Nino 3.4 区海温的最大负相关在冷夏年随后的冬季，相关系数大都没有通过 0.05 信度检验。因此，我们认为，该结果没有给予 "El Nino 事件促发东北冷夏" 以有力的支持，因此，不能认为发生 El Nino 事件就会发生东北冷夏。

表 5.4　El Nino 前一年、当年、后一年东北地区发生冷夏情况

El Nino 年	前一年	当年	后一年	El Nino 年	前一年	当年	后一年
1881	*	*		1941			
1884		*	*	1951			
1888	*	*		1953			*
1891	*		*	1957	*	*	
1896	*	*		1963			*
1899				1965			
1902	*	*		1969		*	
1905				1972		*	
1911		*		1976		*	
1914	*			1982			
1918				1987			
1923				1991			*
1925				1993	*	*	
1930				1994			
1932				1997			

注：＊为发生冷夏

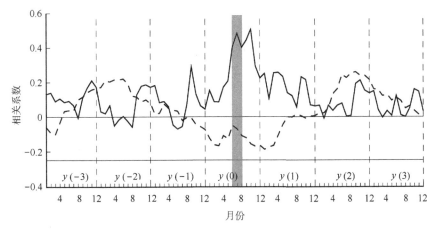

图 5.12　东北夏季气温 T_{10} 序列与 Nino 3.4 区海温距平（虚线）、西北太平洋海温指数 NWP（实线）的逐月相关（灰色阴影为当年夏季）

5.2.2.4　东北夏季气温与 Nino 3.4 区海温的滑动相关分析

在分析东北典型冷夏年的全球夏季海温场特征时，发现 1951 年以前的东北典型冷夏年（1884，1885，1886，1888 和 1895 年），赤道中东太平洋的海温表现为弱的正距平；而在 1951 年以后的东北全区典型冷夏年（1957，1969，1976 和 1993 年），赤道中东太平洋的海温则出现明显的正距平，且有相当一部分海域海温距平超过 0.5 ℃，也就是说在 1951 年以后发生的东北全区冷夏年与 El Nino 事件的关系较前 70 年要强。这种结果表明，125 年来，东北夏季气温与 El Nino 事件的关系不是一成不变的，而可能出现阶段性的特征。为了探究这个问题，对 1880—2004 年期间东北夏季气温与 Nino 3.4 区海温序列进行了每 20 年的滑动相关分析，滑动步长为 1 年。

结果显示，东北夏季气温与 Nino 3.4 区海温总体上呈现出负相关的特点，尤其在 1880—1890，1921—1940 和 1957—1974 年期间，负相关较明显，而在 19 世纪末、20 世纪初、20 世纪 40 年代至 50 年代中期以及 20 世纪后 20 年，Nino 3.4 区海温与东北夏季气温的相关虽说以负相关为主，但其值较小，说明在这几段时间内，东北夏季气温与赤道中东太平洋海温相关不明显。

5.2.3　西北太平洋海温与东北夏季气温

5.2.3.1　西北太平洋海温与东北夏季气温的关系

前面说过，东北夏季气温与西北太平洋海温的相关系数最高，本节将讨论西北太平洋海温与东北夏季气温的关系。

东北夏季气温与西北太平洋海温的相关系数最高在 0.5 以上，表现出显著的正相关关系。为了考察东北冷夏时，西北太平洋海温的状况，普查了东北 125 年来共发生的 29 次冷夏年西北太平洋海温距平状况。发现 29 个冷夏年中，西北太平洋海温以负距平为主，表现较好的有：1881，1884，1885，1888，1895，1896，1902，1908，1911，1913，1934，1945，1947，1954，1976，1983，1992 和 1993 年等共 18 年；西北太平洋海温距平有正有负，但靠近东北亚海域海温为负距平的有：1887，1901，1956，1957，1964 和 1969 年等共 7 年；西北太平洋海温以正距平为主的只有 5 年：1880，1886，1890，1892 和 1972 年。从这些统计数据上看，东北夏季气温偏低时，对应着西北太平洋海温为负距平，这种关系较好且比较稳定。

做东北夏季气温与 NWP 超前 3 年到滞后 3 年的逐月相关系数，结果如图 5.12。可以看到 NWP 没有周期性的年际变化，它与东北夏季气温的最大相关是同期相关最好，即东北夏季气温与同期夏季西北太平洋海温相关最好，通过了 0.01 显著性检验。可以看出，西北太平洋海温对东北夏季气温的影响要比 El Nino 对东北地区夏季气温的影响更直接。

5.2.3.2 西北太平洋海温与大气环流的关系

东北冷夏是一个大尺度现象，西北太平洋海温对其产生影响必然是通过大气环流的异常来完成的。下面将通过西北太平洋关键海区海表面温度距平序列与 500 hPa 高度场的相关分析，来研究西北太平洋海温是如何影响大气环流，进而影响东北地区气温的。

根据观测资料得到的 500 hPa 高度场仅开始于 1951 年，同前面分析东北地区冷夏年对流层中层 500 hPa 高度场一样，把资料分成前 70 年（1881—1950 年）和后 54 年（1951—2004 年）来研究。也就是说 1881—1950 年的 500 hPa 高度距平资料采用的是龚道溢等利用海平面气压、地面温度及海表温度，用逐步回归的多元统计方法重建的资料，而 1951—2004 年依然采用中国气象局国家气候中心 576 个格点高度场资料。

从前 70 年及后 54 年 NWP 与 500 hPa 高度场的相关分布（图 5.13）上可以看到，500 hPa 的分布形势是中心在日本的一条东西向正相关，乌拉尔山至贝加尔湖一带为负相关，后 54 年（1951—2004 年），鄂霍次克海以北还呈现显著负相关，同时在中低纬度北太平洋一带为负相关。这种分布形势与前面所分析的东北地区典型冷夏年的分布比较相似，即当西北太平洋海温为负距平时，在对流层中层 500 hPa 乌拉尔山至贝加尔湖一带有较稳定的高压脊，而在东北地区，甚至东北亚，高空为稳定的长波、超长波槽；同时北太平洋副热带高压较弱，致使极地冷空气顺脊前西北气流较易南下，入侵东北地区，造成东北地区夏季气温偏低。

5.2.3.3 西北太平洋在冷/热夏年海表热通量的变化

海面温度是指示海洋的热状况异常的一个简易而有效的量，海洋与大气之间的相互作用是通过它们之间的能量、热量、水分和动量交换来实现的。西北太平洋海温与东北夏季气温有着较密切的关系，而海温异常与海表热通量异常总是相互关联的。这里重点考察与海气热量交换有关的 4 项——短波辐射、长波辐射、潜热通量和感热通量在东北地区冷/热夏年的差别。

从典型冷夏年与典型热夏年北太平洋海表热通量（包括短波辐射、长波辐射、潜热通量、感热通量）距平之差的分布（图略），得出：在典型年，变化最明显的是短波辐射和潜热通量，其中短波辐射变化最大的是中高纬度太平洋，其中心位于西北太平洋，也就是说在西北太平洋短波辐射弱的年份，东北出现冷夏的几率较大，反之亦然。潜热通量变化的负中心位于日本以东

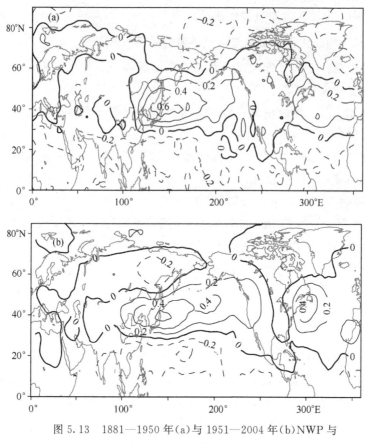

图 5.13　1881—1950 年(a)与 1951—2004 年(b)NWP 与

500 hPa 高度场的相关分布图

的西北太平洋上，也就是说在冷夏年，西北太平洋向大气释放的潜热通量
偏少。

5.2.3.4　东北夏季气温与海温相关分布的季节演变

由于海温异常的持续时间较长，中高纬可以持续数月，低纬可持续 1～
2 年。我们比较关心海温的持续性异常对东北夏季气温的影响。因而，研究了
从前一年秋季开始，到当年冬季海温与东北夏季气温的相关场的演变情况，
即前一年秋季、前一年冬季（前一年 12 月至当年 2 月）海温与当年夏季东北
气温的相关，以及当年春季、夏季、秋季、冬季（当年 12 月至翌年 2 月）海
温与当年夏季东北气温的相关情况（图略）。

西北太平洋海温显著正相关区的面积，由前一年秋季至当年冬季，经历
了小—大—小的变化，其中当年夏、秋季的显著正相关区面积最大，而前一
年秋、冬季显著正相关区最小；从相关系数的大小来看，当年夏季相关系数

最大，当年秋季次之，两季都有较多格点的相关系数通过了 0.01 显著性检验。而赤道中东太平洋的海温负相关区面积，从前一年秋季至当年冬季，也经历了从小变大、再变小的过程，其中当年秋、冬季负相关区面积最大，从前一年秋季至当年冬季，除了当年冬季在赤道中太平洋局地通过了 0.05 显著性检验外，赤道中东太平洋的负相关区基本都没有通过显著性检验。

这种相关分布随季节的演变，让我们认识到西北太平洋海温、赤道中东太平洋海温异常对东北夏季气温影响的非同步性。同时前一年的秋、冬季海温异常对后一年的东北夏季气温的高低可能没有什么指示作用。

5.3　火山活动与东北冷夏

5.3.1　火山活动概述

火山活动有别于前面讲的海温对气候的影响，因为到目前为止，还没有人认为气候可能对火山活动有什么反馈作用，所以可以认为火山活动是独立于气候系统的外部因子。

1873—1874 年在北美出现了严冬，纽黑文这个冬天的平均气温比 1781—1810 年 30 年平均值低了约 4 ℃。美国科学家 Flanklin 认为，这可能是上一年冰岛火山爆发的影响造成的。1873 年 6 月冰岛 Laki 火山爆发后，巴黎阳光暗淡，太阳升到地平线上 20° 高度仍为古铜色，当年冬季即出现了严寒。

1883 年 8 月印度尼西亚 Krakatau 火山爆发，1902 年 5 月加勒比海马提尼克岛 Pelee 火山爆发，以及 1902 年 5 月危地马拉 Santa Maria 火山爆发后观测到所谓 "Bishop 环"，即太阳四周视半径约 22° 的弱红棕色光环。

强火山爆发可能在平流层下部形成一个持久的含有硫酸盐粒子的气溶胶层，硫酸盐溶液或硫酸可能增加火山灰粒子的大小和光学效应。火山灰中的固体粒子直径多为 0.5～2.0 μm。但由于液体的附着和潮解，直径平均为 1～2 μm。假定直径为 1.85 μm，从 35 km 高度下落到 11 km 高度大约要 1 年。印度尼西亚 Krakatau 火山爆发后，火山灰喷到 40 km 高，然后大约在大气中漂浮了 2.5～3 年。分析表明，如果粒子的直径为 0.5 μm，火山喷发到 30 km 以上，则气溶胶能在高纬大气中存留 10 年以上，在低纬大气中也能存留 6～7 年。

El Chichon 火山爆发后火山灰随平流层东风向西传播，大约 20 天已绕地球一周。实际上，由于火山所在纬度不同，喷发高度不同，大气环流纬向气流的强弱也有很大差异，但一般大约经过 2～6 周，可围绕地球形成一个气溶胶的环带。在 1—4 个月期间形成一个比较均匀的气溶胶层。经向扩散的速度自然亦随火山喷发高度及火山所在地理位置而变化。例如根据 Agung 火山灰在澳大利亚及在北半球的传播估算，约每个月移动 9.4°。只要火山喷发足够强，在火山灰存留期间，例如存留 1 年以上，则完全有可能扩散到整个北半球乃至全球。不过火山灰的扩散与火山喷发所在纬度有密切关系。在赤道地区的火山喷发，如能达到平流层，则火山灰有可能扩散到两半球的高纬。但在高纬的火山喷发则很难影响到另一个半球，这时火山灰往往集中在 30°～90° 纬度之间，并在 60°～90° 纬度保持较高浓度。

火山灰经常是液体的浓硫酸盐或硅酸盐。气溶胶存留在平流层，增加了大气反照率，因而大大减少了到达地面的直接太阳辐射。1912 年 6 月阿拉斯加的 Katmai 火山爆发后，1912 年 9 月美国及欧洲一些测站的太阳直接辐射减少 20% 以上。1883 年印度尼西亚 Krakatau 火山爆发、1902 年 Pelee 和 Santa Maria 火山爆发、1912 年 Katmai 火山爆发后，某些月的直接太阳辐射可减少 20%～30%。印度尼西亚的 Agung 火山爆发后，直接太阳辐射下降 23%，但散射太阳辐射则增加 1 倍以上。不过，散射辐射的绝对值小，所以总辐射仍下降 6%。1982 年墨西哥湾的 El Chichon 火山爆发后，直接辐射减少 33%，散射辐射增加 77%，总辐射减少 6%。1991 年 6 月菲律宾的 Pinatubo 火山爆发可能是 80 年来最强的一次，3 个月后，即 1991 年 9 月热带（20°S～30°N）的气溶胶已达到峰值，到 1993 年 5 月才恢复正常。有资料证明 1992 年 4—10 月北半球两个大陆气温距平在 $-1.0 \sim -0.5$ ℃之间。1990 和 1991 年曾经是近百年来最暖的 2 年，但 1992 年比 1991 年全球平均气温下降了 0.2 ℃，北半球下降 0.4 ℃。有人认为，这主要是由于 Pinatubo 火山爆发的影响。当然，要从实际温度变化中检测出火山爆发的信号不是一件容易的事，因为海温、冰雪覆盖均可能对气候异常产生影响；大气环流更是气候异常的直接控制因子。但火山爆发使气溶胶增加，因而使地面接收到的太阳辐射减少，是无可怀疑的。这个影响人们有时也称为"阳伞效应"。

5.3.2 火山活动指数

火山活动有强有弱，有的喷出的烟柱只有几千米或十几千米，甚至无明显喷发，有的则喷发至 20～30 km 高度，个别甚至到 50 km 以上。喷发物也有多有少。如何对火山活动的强弱进行定量估计呢？Lamb 首先提出一个描述火山活动的尘幕指数（DVI，Dust Veil Index）。为了适应古代定量资料的缺乏，他提出三种彼此等效的定义：

$$DVI = 0.97 R_{max} E_{max} t_{mo} \tag{5.1}$$

$$DVI = 5.25 T_{\max} E_{\max} t_{mo} \qquad (5.2)$$

$$DVI = 4.4 q E_{\max} t_{mo} \qquad (5.3)$$

式中 E 为影响范围，取决于火山爆发所在的纬度，当火山爆发在热带地区时，可影响到全球，$E_{\max}$ 为 1.0；各式中的 t_{mo} 是共同的，即从爆发到看不见火山灰为止的时间，单位为月；式（5.1）中的 $R_{\max}$ 为中纬度最大辐射下降，单位为％；式（5.2）中 $T_{\max}$ 为中纬度最大温度下降，单位为℃；式（5.3）中 q 为喷出的固体物质，单位为 km^3。由于资料的限制，DVI 序列仅向前延长到 1500 年，而且中间还有一些遗漏。有些作者对式（5.2）提出了批评，因为无法判断中纬度的降温是否是火山活动的影响，并且也过分强调了中纬度。后来 Mithchell 又部分修改了 1850—1970 年的 DVI。Robock 重新分析了 1600 年以来的 DVI，特别除去了那些只依靠气温下降来定的 DVI。

除了 DVI，还有斯密森研究所 Simkin 等编制的火山爆发强度指数（VEI，Volcanic Explosivity Index）。这份档案记录了公元前 8300 年至 21 世纪初的 5 564 次火山爆发。按火山爆发强度分为 0～8 级。0 级为无喷发性火山活动；1～2 级喷发高度在 5 km 以下，估计对大范围气候影响不大；4 级喷发高度在 10 km 以上，故一般研究火山活动对气候的影响时，多考虑 4 级及 4 级以上的火山爆发。根据这份档案，至今只有 1 次 7 级火山爆发，即 1815 年的 Tambora 火山爆发，尚没有发现达到 8 级的火山爆发。1982 年墨西哥湾的 El Chichon 火山爆发为 5 级，1991 年菲律宾的 Pinatubo 火山爆发可能达到 6 级。但需要指出的是，只根据喷发强度来定义的 VEI 的气候意义还需要进一步研究，因为一些喷发强度相对较小的火山爆发产生的硫酸比喷发强度大的火山爆发多。

另外，还有两种火山活动指数，一个是冰芯的电导率或酸度，另一个是对大气光学厚度的估计。但由于冰芯主要在高纬，各地冰芯反映可能不同，碱气溶胶亦可能中和酸气溶胶，因此对光学厚度的估计是一个很重要的指标，但可惜序列太短，不过百年左右。

5.3.3　火山活动对东北低温冷夏的影响

尽管不少作者已经提出火山活动影响气候的问题，但是究竟火山爆发后是否气候会变冷还是一个相当复杂的问题。其原因主要是影响气候变化的并不只是火山活动这一个因子。特别是火山活动的影响时间尺度一般在数月至 1～2 年，至多不过 2～3 年，而在这个时间尺度内，地球气候系统内部各成员之间存在激烈的相互作用。

以往有关火山爆发对全球、半球气候的影响研究中，主要结论有：较大火山喷发后1~2年，全球和半球年平均温度下降0.3℃左右，以后逐渐回升，大约4~5年恢复至正常水平。不同半球的火山喷发影响不同，北半球的喷发往往使全球气温在3个月之后产生最大降温，而南半球的火山喷发则要迟到19~20个月之后降温才达到最大。但北半球喷发影响时间短，南半球喷发影响时间长。北半球的喷发可影响到南半球的气温，但南半球的喷发却对北半球影响不大。

不少作者指出，火山喷发后，受到影响最大的是夏季气温。特别是日本气候学家认为，日本夏季低温与火山活动有密切关系。日本历史上著名的四大冷害年，1695年（元禄8年）、1755年（宝历5年）、1783年（天明3年）及1837年（天保9年）均与强火山爆发有关。1993年日本严重低温冷害年，其夏季低温之严重，可能与1991年菲律宾的Pinatubo火山爆发有密切关系。

前面说过在赤道地区的火山喷发，如能达到平流层，则火山灰有可能扩散到两半球的高纬，同时北半球的喷发可影响到南半球的气温，但南半球的喷发却对北半球影响不大。据此，我们统计了1877年以来20°S以北地区所发生的火山年表（表5.5）。

表5.5 1877年以来20°S以北地区所发生的火山年表

火山名称	喷发时间		喷发位置		VEI	DVI
	年份	月	纬度	经度		
Suwanose-Zima	1877		30°N	130°E	4	
Cotopaxi	1877	6	1°S	78°W	4	
Liopango*	1880		13°N	89°W		
Nasu	1881	7	37°N	140°E	4	
Krakatau	1883	8	6°S	105°E	6	1 000
Augustine	1883	10	59°N	153°W	4	
Falcon	1885		20°S	175°W		300
Tungurahua	1886	6	1°S	78°W	4	
Niafu	1886		16°S	176°W		300
Bandai	1888	7	38°N	140°E	4	500
Ritter	1888		6°S	148°E	5	250
Suwanose-Zima	1889	10	30°N	130°E	4	
Bogoslof*	1890	2	59°N	168°W		
Dona-Juana	1899	11	1°N	77°W	4	
Pelee，Montagne	1902	5	15°N	61°W	4	
Soufriere	1902	5	13°N	61°W	4	300
Pelee，Montagne	1902	5	15°N	61°W	4	
Santa Maria	1902	10	15°N	92°W	6	600
Thordarhyrna	1903	5	64°N	18°W	4	
Iwo，Iwojima*	1904		24°N	141°E		
Ksudach	1907	3	52°N	158°E	5	500

火山名称	喷发时间		喷发位置		VEI	DVI
	年份	月	纬度	经度		
Taraumai	1909	4	43°N	141°E	4	
Taal	1911	6	14°N	121°E	4	
Novarupta	1912	6	58°N	155°W	6	500
Colima	1913	6	19°N	104°W	4	
Sakura-Zime	1914	6	32°N	131°E	4	
Agrigan	1917	4	19°N	146°E	4	
Tungurahua	1918	4	1°S	78°W	4	
Katla	1918	10	64°N	19°W	4	
Manam	1919	8	4°S	145°E	4	
Raikoke	1924	2	48°N	153°E	4	
Komag-Take	1929	6	42°N	141°E	4	
Kliuchevskoi	1931	3	56°N	161°E	4	
Fuego	1932	1	14°N	91°W	4	
Rabaul	1937	5	4°S	152°E	4	
Kliuchevskoi	1945	1	56°N	161°E	4	
Sarychev Peak	1946	11	48°N	153°E	4	
Hekla	1947	3	64°N	20°W	4	
Lamington	1951	1	9°S	148°E	4	
Ambryn	1951	9	16°S	168°E	4	
Bagana	1952	2	6°S	155°E	4	
Spurr	1953	7	61°N	152°W	4	
Bezymianny	1956	3	56°N	161°E	5	
Agung	1963	3	8°S	116°E	4	800
Sheveluch	1964	11	57°N	162°E	4	
Taal	1965	9	14°N	121°E	4	
Kelut	1966	4	8°S	112°E	4	
Awu	1966	8	4°N	126°E	4	
Oldoinyo Lengai	1966	8	3°S	36°E	4	
Fernandina	1968	6	0°S	92°W	4	
Tiatia	1973	7	44°N	146°E	4	
Fuego	1974	10	14°N	91°W	4	250
Plosky Tolbachik	1975	7	56°N	160°E	4	
Augustine	1976	1	59°N	153°W	4	
Bezymianny	1979	2	56°N	161°E	4	
St. Helens	1980	5	46°N	122°W	5	500
El Chichon	1982	4	17°N	93°W	5	800
Pinatubo	1991	6	15°N	120°E	6	1 000

从表 5.5 以及表 4.3 中可以看出,1880 年以来,东北地区共发生冷夏年 29 次,其中在 20°S 以北地区当年上半年或上一年有强火山爆发的有 20 次,即 69% 的冷夏年之前有强火山爆发,可见强火山爆发与东北冷夏可能存在不可忽视的关系。

分别统计了在 20°S 以北地区当年上半年或上一年有无强火山爆发时东北

夏季是否为冷夏年的频次，进行 χ^2 检验，来判断强火山爆发与东北冷夏关系的显著性（表5.6）。表5.6中V代表在20°S以北当年上半年或上一年有强火山爆发；no V则表示20°S以北当年上半年或上一年无强火山爆发；C代表东北地区当年为冷夏年；no C代表东北地区当年非冷夏年；括号中数值为计算的理论频次。经过计算，χ^2 约为7.698，通过0.01显著性检验。因此，从这个角度来说，20°S以北强火山爆发，与东北冷夏的关系还是比较显著的。当然这种检验方法还属于初步研究，随着火山指数、相应的火山喷发物质的观测以及大气观测的进一步完善，有关火山爆发与东北冷夏关系的定量研究还需进一步深化。

表 5.6　20°S 以北地区当年上半年或上一年有无强火山爆发的东北冷夏年频次

类别	东北夏季		合计
	C	no C	
V	20 (13.9)	23 (29.1)	43
no V	9 (15.1)	38 (31.9)	47
合计	29	61	90
χ^2			7.69

5.4　近400年东北亚冷夏

5.4.1　中国东北冷夏与东北亚冷夏的关系

以上分析表明，19世纪80年代到20世纪10年代的低温，无论是强度，还是频率均远高于20世纪50—70年代。气候学上有许多证据说明1880年之前属于小冰期，是距我们最近的寒冷时期，那时的10年平均气温比20世纪中期要低1℃，个别年、个别季低得更多。显然，那个时期的低温冷害更多，强度也更大。但是可惜能够反映东北夏季温度的史料很少。不过，研究表明，东北亚的低温冷夏与中国东北的低温冷夏有很好的关系。表5.7给出了1880—1997年中国东北和东北亚夏季低温年气温距平。中国东北为齐齐哈尔、佳木斯、哈尔滨、长春、沈阳5个站平均，取≤−0.7℃为冷夏。东北亚为10个站平均，即俄罗斯4个站：尼古拉耶夫斯克（庙街）、布拉戈维申斯克（海兰泡）、南萨哈林斯克及符拉迪沃斯托克（海参崴），日本3个站：札幌、根室、秋田，中国3个站：海拉尔、哈尔滨、沈阳，取≤−0.8℃为冷夏。表5.7中凡中国东北或东北亚有一个区域达到冷夏标准的，均列入表内；一个区域为冷夏，而另一区域未达到冷夏标准的，其温度距平用括弧表示。从表5.7

中数字可见，22 年中有 5 年双方均为冷夏，如 1884，1888，1895，1902 及 1913 年。仅有 4 年一方为冷夏而另一方温度距平为 0 或微弱正值，其余 13 年均为一方为冷夏，另一方未达到冷夏标准，但温度为负距平。这说明中国东北的冷夏与东北亚的冷夏有密切的关系，或者是东北亚冷夏的一部分。东北亚夏季温度的 EOF 分析表明 EOF_1 占总方差的 40.2%，特征为符号一致的变化，中心在北海道及库页岛南部，中国东北处于正中心的边缘地区。这有力地证明，中国东北的冷夏，大多数情况下是东北亚冷夏的一部分。

表 5.7　1880—1997 年中国东北和东北亚夏季低温年气温距平　　　单位：℃

年	1881	1884	1885	1886	1888	1892	1895	1902	1911	1913	1915	1931
中国东北	−0.7	−1.2	−0.7	−0.8	−0.7	−0.7	−0.7	−1.2	−0.8	−0.7	−0.7	(−0.4)
东北亚	(−0.4)	−1.1	(−0.6)	(0)	−0.9	(0.2)	−1.0	−2.0	(−0.6)	−1.5	(0.5)	−0.9
年	1941	1945	1954	1956	1957	1964	1969	1976	1983	1993	总计	
中国东北	(0)	(−0.4)	(−0.4)	(−0.5)	−1.0	(−0.6)	−0.8	−0.9	(−0.3)	(−0.6)	14	
东北亚	−0.9	−0.8	−0.8	−0.9	(−0.7)	−0.8	(−0.5)	(−0.7)	−1.1	−1.3	13	

5.4.2　近 400 年日本的冷夏

日本水稻生产受冷夏影响很大。日本历史上减产 75% 为荒年、减产 50% 为歉收、减产 25% 为收成不好。日本粮食减产大多与冷夏有关，因此日本有丰富的冷夏的历史记载。20 世纪中最冷的两个夏季 1902 和 1903 年气温距平达到 −1.9 和 −1.5 ℃。这两年的收成指数分别为 44% 和 19%，相当于减产 56% 和 81%。不过当时技术条件差，也是减产严重的因素之一，如果按现代技术条件推算，可能收成指数为 61% 和 62%，即减产 40% 左右，但这也可以称为荒年了，不过其他冷夏的 ΔT 很少达到 −1.0 ℃，如 1931 和 1941 年 ΔT 均为 −0.9 ℃，当时收成指数分别为 52% 和 50%。按现代技术推算分别为 84% 和 70%，即分别减产 16% 和 30%。

关于日本历史上的冷夏，主要依靠史料分析，由于日本北海道为冷夏的中心区，因此重点考虑那里的冷害、低温、早霜、早冷等记载，有 4 个资料来源：

(1)《日本季节预报指针》(下卷)(1971) 第 14 章有一个 1600—1960 年日本东北地方歉收年表，共列出 96 个灾年，其中明确指出有 57 年为冷害年，17—19 世纪共有 44 年。

(2) 在坪井八十二与根本顺吉主编的《气象异常与农业》一书 (1977) 中有关根勇八与九保木光熙编制的冷害年表，1611—1976 年共 117 个冷害年，其中 17—19 世纪有 55 年标明北海道或东北地方为冷害年，冷害按影响范围及程度分为 a 和 b 两级。

（3）日下部正雄编的《北海道灾异志》（1962），在 17—19 世纪内有 31 年明确指出为冷害，1884 年以后还附有月气温距平。

（4）日下部正雄编的《奥羽地方气象灾害》（1981）反映了日本东北地方冷害。17—19 世纪共 51 年有冷夏、早冷、早霜记载。

综上可知，首先，在（1）中注明为冷害的 44 年无一例外地在其他资料中也有所反映，像著名的日本历史上四大冷害年：元禄 8 年（1695 年）、宝历 5 年（1755 年）、天明 3 年（1783 年）及天保 9 年（1838 年），不但（1）、（2）中均为冷害，在（3）、（4）中也有详细的冷害、长雨、低温、早霜以及暑天穿棉的记载。所以我们把这 44 年均定为冷夏。

其次，（2）中所列举的 57 个冷害年中有 39 个与（1）重复，其他 18 年中有 16 年在（3）或（4）中也有冷害记载，故也定为冷夏，只有 1827 和 1899 年因冷害程度较弱，范围不广，故未定为冷夏。

最后，还有 17 年未列入（1）、（2）两种冷害年表，但在（3）或（4）中有明确冷害记载，也定为冷夏，如 1684 年有 7 月降雪及降霜的记载；1841 年有连续一个月降雨、8 月因天寒而着棉的记载。

通过以上的分析，在 1600—1899 年的 300 年中共定出 77 个冷夏年，频率约为 25.6%，与 1900—1987 年的 25% 几乎完全一致。年表见表 5.8。

表 5.8　1600—1987 年日本冷夏年表

年代	冷夏年	年代	冷夏年
1600s		1800s	
1610s	1611，1615，1618	1810s	1813，1815
1620s	1622，1624	1820s	1825
1630s		1830s	1830，1831，1832，1833，1835，1836，1837，1838
1640s	1640，1641，1647，1649	1840s	1841，1846
1650s	1650	1850s	1856，1857
1660s	1665，1667，1668，1669	1860s	1866，1869
1670s	1674，1679	1870s	
1680s	1680，1681，1684，1687	1880s	1884，1885，1888，1889
1690s	1692，1694，1695，1696，1699	1890s	1891，1893，1895，1897
1700s	1701，1702，1705，1707	1900s	1902，1903，1905，1908
1710s		1910s	1911，1913，1915
1720s	1720	1920s	
1730s	1737	1930s	1931，1932
1740s	1745，1747，1749	1940s	1940，1941，1945
1750s	1753，1754，1755，1756，1757	1950s	1954，1956，1957
1760s	1760，1763，1767	1960s	1964，1969

年代	冷夏年	年代	冷夏年
1770s	1772，1774，1776，1778	1970s	1971，1972，1976
1780s	1782，1783，1785，1786，1789	1980s	1983，1986
1790s	1793	1990s	

5.4.3　东北亚冷夏的群发性

最早关根勇八指出冷害年的群发性，认为元禄、宝历、天明和天保的饥馑都包括了法月前后 10 年的歉收，明治 17 年（1884 年）冷害之后，1885，1888，1889，1891，1893，1895，1897 和 1899 年均发生了冷害，约隔一年一次。明治 35 年（1902 年）的冷害之后，1903，1905，1906，1908 和 1910 年又发生冷害，也是大约隔一年一次。在这期间冷害频率远高于平均频率。刘育生等（1983）支持这种观点，指出我国东北在 19 世纪 80 年代到 20 世纪 10 年代也是冷害集中发生时期。此外，20 世纪 30 年代中期到 40 年代前半期，20 世纪 50 年代中后期到 70 年代中期也是冷害集中发生的时期。

为了检验这个观点，我们利用冷夏平均概率（25%）计算了每 10 年出现 0，1，2，…，10 次冷夏的概率（表 5.9 第 3 行），可见，按随机分布，10 年之中有 2 次冷夏的频率最高（28.2%），3 次冷夏的频率次之（25.0%），8 次冷夏的频率已接近于 0，但实际情况则大不相同。表 5.9 第 2 行给出了按表 5.8 冷夏做 10 年滑动后得到的频率，可见 10 年中出现 1，2，3 次冷夏的频率均低于理论计算值，而出现 0 次及 4 次以上的频率又明显高于理论计算值，这就充分证明冷夏的分布是不均匀的，其中 10 年中无一次冷夏的频率超过理论值 1 倍，同时出现了理论频率接近 0 的 10 年中有 8 次冷夏的情况，冷夏的群发性可谓相当明显了。

表 5.9　10 年中出现不同冷夏次数的频率分布

10 年之中冷夏年数	0	1	2	3	4	5	6	7	8	9	10
实际频率（%）	11.3	17.1	23.7	17.6	16.8	9.0	3.2	0.8	0.5	0.0	0.0
理论频率（%）	5.6	18.8	28.2	25.0	14.6	5.8	1.6	0.3	0.0	0.0	0.0
差值（%）	+5.7	-1.7	-4.5	-7.4	+2.2	+32	+1.6	+0.5	+0.5	0.0	0.0

既然有的时段冷夏频繁，有时又很少出现冷夏，我们希望能找到一些变化的规律。分析表 5.8 发现，从 17 世纪中到 1987 年，可以分为 10 个阶段，每段时间为三十几年（表 5.10），第 2，4，6，8，10 段冷夏频率平均达 40% 左右，而第 1，3，5，7，9 段冷夏频率平均不到 10%。就以最后 9 和 10 两个阶段而论，差异远不如前几段时期明显，但第 10 段（34 年）冷夏年仍为第 9

131

段（38 年）的 1 倍，把单数段与双数段各为一组，对其差做 χ^2 检验，达到 99.9％的信度，说明两组差异明显，因此可以说冷夏大约有 70 年左右的周期性。冷夏频繁与稀少的时段交替，最近近藤（1985）与小寺（1986）均指出冷害与火山活动有关，高桥（1986）则发现火山活动有 70 年左右的周期，亦可作为冷夏 70 年左右周期的旁证。20 世纪 20—50 年代正是火山沉寂的时期，冷夏频率也相对较低（表 5.10 第 9 时段），如果这种周期继续存在的话，则 20 世纪末到 21 世纪初，将是冷夏比较稀少的时期，这对农业生产有利，值得我们注意。

同时我们还不应忘记全球气候变暖的影响，很可能这个因子已经在产生影响。所以最后一段时间（第 10 时段）冷夏频率应该较高，但是却没有预期的那样高，很可能就是气候变暖的影响。当然，也可能是小冰期结束的结果。

表 5.10　冷夏发生频率的变化

序号	时段（年）	长度（a）	冷夏（次）	冷夏频率（％）
1	1642—1673	32	7	21.9
2	1674—1707	34	15	44.1
3	1708—1744	37	2	5.4
4	1745—1786	42	19	45.2
5	1787—1812	26	2	7.7
6	1813—1846	34	13	38.2
7	1847—1883	37	4	10.8
8	1884—1915	32	15	46.9
9	1916—1953	38	5	13.2
10	1954—1987	34	10	29.4
	总计	346	92	26.6

参 考 文 献

陈莉，朱锦红. 2004. 东北亚冷夏的年代际变化. 大气科学，**28**（2）：241-253.

崔锦，李辑，张爱忠. 2007. 东北夏季低温研究进展. 气象，**33**（4）：3-9.

丁一汇，李维京. 2008. 中国气象灾害大典·综合卷. 北京：气象出版社.

东北夏季低温长期预报文集编辑组. 1983. 东北夏季低温长期预报文集. 北京：气象出版社.

冯佩芝，李翠金，李小泉，等. 1985. 中国主要气象灾害分析（1951—1980）. 北京：气象出版社.

龚道溢，王绍武. 2000. 恢复近百年北半球 500 hPa 高度场的试验. 热带气象学报，**16**（2）：148-154.

郭家林，陈莉，李帅. 2004. 西北太平洋大气海洋对东北亚冷夏形成的影响. 自然灾害学报，**13**：51-57.

郭建平. 2006. 东北地区玉米热量指数的预测模型研究. 应用气象学报，**15**（3）：42-45.

黄荣辉，郭其蕴，吴国雄. 1996. 中国气候灾害的分布和变化. 北京：气象出版社.

李若钝. 1983. 南太平洋热带地区大尺度海气相互作用对我国东北低温的影响. 热带海洋，**2**（4）：289-295.

马树庆，王琪，安刚，等. 2000. 东北玉米带热量资源的变化规律研究. 资源科学，**22**（5）：41-45.

马树庆，袭祝香，王琪. 2003. 中国东北地区玉米低温冷害风险评估研究. 自然灾害学报，（3）：137-141.

马树庆，刘玉英，王琪. 2006. 玉米低温冷害动态评估和预测方法. 应用生态学报，**17**：1 905-1 910.

濮冰，闻新宇，王绍武等. 2007. 中国温度变化的两个基本模态的诊断和模拟研究. 地球科学进展，**22**（5）：456-467.

任国玉，徐铭志，初子莹，等. 2005. 近 54 年中国地面气温变化. 气候与环境研究，**10**（4）：717-727.

汪秀清，马树庆，袭祝香，等. 2006. 东北区夏季低温冷害的长期预报. 自然灾害报，**15**（3）：42-45.

王春乙，郭建平. 1999. 农作物低温冷害综合防御技术研究. 北京：气象出版社.

王敬方，吴国雄. 1997. 持续性东北冷夏的变化规律及相关特征. 大气科学，**21**（5）：523-553.

王绍武. 1990. 近四百年东亚的冷夏. 见：国家科学技术委员会. 中国科学技术蓝皮书第 5 号：气候. 北京：科学技术文献出版社.

王绍武，叶瑾琳，龚道溢，等. 1998. 近百年中国气温序列的建立. 应用气象学报，**9**（4）：392-401.

王绍武，龚道溢，陈振华. 1999. 近百年来中国的严重气候灾害. 应用气象学报，**10**（S）：43-45.

王书裕. 1995. 农作物低温冷害的研究. 北京：气象出版社.

闻新宇，王绍武，朱锦红，等. 2006. 英国CRU高分辨率格点资料揭示的20世纪中国气候变化. 大气科学，**30**：894-904.

袭祝香，马树庆，王琪. 2003. 东北低温害风险评估及区划. 自然灾害学报，**12**（2）：98-102.

姚佩珍. 1995. 近四十年东北夏季低温冷害的气候特征. 灾害学，**10**（1）：51-56.

张养才，何维勋，李世奎. 1991. 中国农业气象灾害概论. 北京：气象出版社.

赵振国. 1999. 中国夏季旱涝及环境场. 北京：气象出版社.

中国科学院大气物理研究所，中国科学院地理研究所，中国气象局国家气象中心. 1997. 中国气候灾害分布图集. 北京：海洋出版社.

中国气象局. 2007. 中国灾害性天气气候图集. 北京：气象出版社.

周立宏，刘新安，周育慧. 2001. 东北地区低温冷害年的环流特征及预测. 沈阳农业大学学报，**32**（1）：22-25.